U0272847

马红丽◎著

郑州市文化广电和旅游局出品

郑州食话食说

中州古籍出版社

·郑州·

图书在版编目（CIP）数据

郑州食话食说 / 马红丽著 . —郑州：中州古籍出版社，
2022. 3

ISBN 978-7-5738-0185-2

Ⅰ . ①郑…　Ⅱ . ①马…　Ⅲ . ①饮食 – 文化 – 郑州
Ⅳ . ① TS971.202.611

中国版本图书馆 CIP 数据核字（2022）第 034282 号

ZHENGZHOU SHIHUA SHISHUO
郑州食话食说

责任编辑　李祖哲
责任校对　牛冰岩
装帧设计　王　歌

出 版 社	中州古籍出版社（地址：郑州市郑东新区祥盛街 27 号 6 层　邮编：450016　电话：0371-65788693）
发行单位	河南省新华书店发行集团有限公司
承印单位	郑州新海岸电脑彩色制印有限公司
开　　本	640 mm × 960 mm　1/16
印　　张	19.25
字　　数	246 千字
印　　数	1—30000 册
版　　次	2022 年 3 月第 1 版
印　　次	2022 年 3 月第 1 次印刷
定　　价	68.00 元

序

一乡一风味，一味一世界。

郑州，襟黄淮而带汜水，控中岳而引宋都，是华夏文明的发祥地。5000年前，中华人文始祖轩辕黄帝在此出生，建功立业，福泽华夏子孙；3600年前，中国第二个奴隶制王朝商朝在此建都，郑州因此得"商都"别名。悠久的历史给郑州留下了厚重的文化底蕴。

在郑州，周公测景台是我国史载最早的天文建筑。元代观星台是我国古代天文观测中心，也是世界上现存最早的天象观测建筑之一，代表了我国古代科学家在天文学上的卓越成就。

在郑州，登封"天地之中"历史建筑群名列"世界文化遗产"；嵩阳书院是宋代四大书院之一；"天下第一名刹"少林寺坐看嵩山坳日出月升，少林功夫从这里天下扬名。

在郑州，古建筑、古关隘、古战场、古城、古文化遗址星罗棋布，轩辕黄帝、列子、子产、申不害、韩非子、郑国、陈胜、潘安、杜甫、白居易、李商隐、李诫、高拱等出生在郑州的名人闪耀历史星空。

成长于这种历史大背景下的郑州烹饪技艺源远流长，承于商，盛于今。

烩面，俨然已经成为郑州美食符号。"烩"的技法在2000多年前的汉代已有文字记载，"扯面"（拽面）的技法则展露于1500

年前的南北朝时期，一拽一烩间，便成就了烩面的千年传奇。

溱洧河畔"一日不见，如三月兮"的郑风古唱，"撩"尽了古今男女心事，荡漾着"一日不见如隔三秋"的千年旖旎。而同样在新密发现的打虎亭汉墓，也"撩"出了新密的千年烧烤史。

清代李渔曾说："宁可食无馔，不可饭无汤。"郑州民间也有"闲吃湿，忙吃干；早晚喝，晌午吃"的说法，郑州人的饮食结构，在老百姓与文人的语境里，话不同，意相通。

都说郑州人好面，几天不吃急得慌。烩面、拉面、茄汁面、卤面、焖面、糊涂面、浆面条、炝锅面、烂扁食、饸饹面、芝麻叶面条、炒红薯面条，面面俱到，再随心适意搭配些荆芥叶、煎蛋皮、黄瓜丝、蒜泥汁，那味儿，能让离家的游子想起来就泪流满面。

对于大多数郑州人来说，乡愁也许就是那一碗胡辣汤，辛辣在舌头，思念在心头。

在金庸"飞雪连天射白鹿，笑书神侠倚碧鸳"的武侠世界里，少林一派是正统门派的代表，是武林精神的象征，而"扫地僧"的出现更是为少林寺笼上了一层"五彩祥云"。但登封的传奇绝不仅于此，以中岳庙为代表的道教文化、以少林寺为代表的佛教文化，直接影响了流行嵩山一带的素斋、水席。

一次偶然的尝鲜，令一向"横眉冷对"的鲁迅先生成为荥阳柿霜糖的"小迷弟"。这柿霜糖该是有多好吃，竟惹得先生如此"馋嘴"？

套四宝、红烧黄河鲤鱼、煎扒鲭鱼头尾、烤鸭、扒猪脸，这些传统美食，记录了哪些历史信息和文化符号？又是怎样因缘际会缔造一代传奇？

　　新时代的人们，目光已超越了星辰大海，远探浩渺宇宙，微察粒子空间，人工智能似乎无所不能，工业产品花样翻新，但"民以食为天"任何时候都是真理，蕴含在美食中的饮食文化历久弥新。

　　在日益国际化的今天，郑州饮食正以海纳百川的胸怀不断地融合、创新、发展。南来北往的客商，可以在郑州品尝到这里的风味，并生出与中原特色"金风玉露一相逢"般的嬗变惊喜，土生土长的郑州人不出远门就可以品尝到异地他乡的美味佳肴。郑州饮食，正在跨越语言障碍，成为零距离实现全国全球范围交流的桥梁，也成为国际化郑州的新名片和文化软实力的新载体。

　　本书由郑州市文化广电和旅游局与马红丽倾力打造。作者马红丽，既是一名资深媒体人，又是一名饮食文化学者，师从国医大师、河南中医药大学终身教授张磊先生，长期致力于中华传统饮食文化、中医药文化的研究与传播，是河南省非物质文化遗产评审专家之一。她的饮食文化著作《食林广记》曾入围"2017年度中国好书"，入选国家新闻出版广电总局2017年度"大众喜爱的50种图书"。

　　本书融餐饮文化、名人逸事、民俗风情为一体，以乡土人情、味蕾记忆为切入点，对郑州的饮食习俗、各具特色的宴席菜品、传统面点、风味名吃，以及与郑州饮食有关的雅谈、趣话、传说、来历作了详细的梳理，对菜肴的原料、烹制方法、营养及食疗价值等也作了深入浅出的介绍，涉及烹饪学、中医中药学、营养保健学、人文学等学科的相关知识，既有训诂、考证，注重知识性、科学性、资料性，又突出了趣味性和实用性，可谓：从舌尖品味历史，于美食感悟文化。

本书图文并茂，文化气息浓厚，充分展现了郑州16个县市（区）的部分热度美食，既有登堂入室的"硬菜"和时尚潮菜，也有掩藏在小巷深处的传统美食记忆。这些美食与记忆，既构成了郑州的城市符号，也代表了郑州的饮食新气象。本书的出版，不仅为郑州的餐饮业、酒店业、旅游业、文化事业增了光、添了彩，而且，对弘扬中华民族传统文化，发扬郑州乃至河南厚重历史文化优势，振兴和繁荣豫菜，让世人认识郑州，了解河南，促进河南的旅游业、商业及对外文化交流，都将发挥重要作用。

众所周知，现代旅游是由"食、住、游、行、购、娱"六要素构成的独具特色的人类文明活动的一个重要组成部分。食，几乎已成为旅游六要素之首。到一个地方旅游，面对餐桌上每一盘菜、每一道糕点、每一碗汤食、每一种风味小吃，能听到一个有趣的故事，或者感受到一种生活智慧，游客才能品尝到旅游文化的甘洌，欣赏到旅游文化的神韵，获得一种精神享受。一乡一风味，一味一世界。任何一个地域的饮食特色，都与养育它的那方水土息息相关，郑州美食亦是如此。读者通过这部书，必能感受到豫菜所独具的文化与美味的综合魅力。

改革开放以来，特别是随着国家中心城市的建设步伐加快，郑州美食逐渐成了豫菜的典型代表。郑州饮食继承了豫菜的煎、炸、溜、扒、烧、烤、蒸、炒、煮、烩、酿、爆等技艺，集中体现了中原地区饮食文化精髓："人禀天地中和之性，菜具饮食中和之味。"郑州饮食,质味适中,五味调和,于甜咸酸辣之间求其中、求其平、求其淡,此为"中";融东西南北为一体,调甜咸酸辣为一鼎,是为"和"。郑州始终都以"君子和而不同"的儒家态度包容、接纳新生事物、不同流派,并愿意学彼之长,补己所短,不断开拓自己的视野,并在包容中不断地寻求与城市共生、共长、共荣、共存的"和解之道",这是郑州的胸怀,更是一座城市在历经了三千多年风雨之后淬火成钢的自信和从容!

毛泽东主席曾对他身边的工作人员说:"我看中国有两样东西对世界是有贡献的,一个是中医中药,一个是中国饭菜。饮食也是文化。"习近平总书记说:"中华文明5000多年绵延不断、经久不衰,在长期演进过程中,形成了中国人看待世界、看待社会、看待人生的独特价值体系、文化内涵和精神品质,这是我们区别于其他国家和民族的根本特征,也铸就了中华民族博采众长的文化自信。"

一蔬一饭里藏着四季轮回,伴随着人世间的喜怒哀乐。吃,是扯不断的"离骚",更是逃不掉的家乡记忆。饮食文化,是最接地气的文化,也是隐含物质意识互动关系大道至简奥秘的文化,绵延千年不绝,纵横万里常新。我觉得,读完这本书,你也会和我一样认为,对我们身边美食及其文化韵味的津津乐道、念念不忘,其实也是一种文化自信。

李 芳

郑州市文化广电和旅游局党组书记、局长

目　录

一碗面，一座城

一指半宽的面条被热腾腾的肉汤淹没着，汤汁浓白，和着绿色的香菜、黄色的千张丝、透亮的粉条，品相极美。烩面汤醇厚浓郁，鲜而不腻，舒滑间竟有了种润"胃"细无声之感；那面则在汤汁的浸润中，外滑内韧，劲道中还透着一丝松软。

这就是被誉为郑州乃至河南的标志性饮食：烩面。

情

河南人好面，烩面则是在满足河南人好面的诉求上催生出的一种最为流行的快餐美食，也是知名度最高、最大众化、最普及、最具地方特色的郑州乃至河南的风味名吃。

虽是小小的一碗面，却有肉、有菜、有面，还有肉骨汤，不仅能饱腹，还能满足一日热量所需。冬天吃一碗羊肉烩面，感觉全身都暖暖和和的；夏天雨季潮湿季节，来碗羊肉烩面，出一身

烩面

汗排排毒，只觉得周身轻松，荡气回肠。

所以，郑州人对小小的一碗烩面有着特殊的情感。自己要吃；三五朋友小聚要吃；外地朋友来了，也必然要请他吃一顿地道的烩面才算尽了地主之谊。

没吃过烩面，没请过外地朋友吃烩面，都不好意思说自己是郑州人！

郑州地处中原，南来北往、东进西出，各地美食、各种文化在此交融、碰撞，可不管何地美食落户郑州，也必然把烩面作为拉拢咱郑州人的媒介之一。比如火锅，不管是川式火锅，还是港式、粤式火锅，但凡落户郑州，吃到最后都得扯两片烩面下进去，给其狠狠地打上郑州乃至河南的标签。就连一向高大上、高逼格的五星级酒店的餐厅，也必须备上一碗充满乡土情结的烩面才算地道，才算接地气，才能聚拢家乡人气。

而对于游子来说，烩面则是记忆中的家乡，是妈妈手工捥面的回味，是乡梦醒来之后流下的两行清泪，是抹不去的亲情，是扯不断的"离骚"。

家乡，就这样被浓缩在一碗烩面中，就这样被牢牢地定格在记忆中、脑海里，并被绘成一幅幅河南画卷；烩面，就这样成为世道人心、情感寄托的一个综合体，就这样被深深地定格在郑州人的饮食生活中，成了扯不断，理还乱的乡愁、乡情。

源

烩面，是古时馎饦技法的演变和再现。早在一千多年前的南北朝时，贾思勰在《齐民要术》中就已经详记了馎饦的技法："挼如大指许，二寸一断，著水盆中浸，宜以手向盆旁挼使极薄，皆急火逐沸熟煮。"就是将和成之面，以二寸为段，用手挼薄，擘开煮而食之。这种做法，和今天的烩面一脉相承。

"烩"是指将原料油炸或煮熟后改刀，放入锅内加辅料、调料、高汤烩制的方法，这种方法多用于烹制鱼虾和肉丝、肉片，如烩鱼块、水煮肉片、烩虾仁之类。

"烩"的烹饪技法早在秦汉时期就已经出现，代表菜肴就是著名的"五侯鲭"。

汉刘歆在《西京杂记》中记录了"五侯鲭"的故事："五侯不相能，宾客不得来往。娄护丰辩，传食五侯间，各得其欢心，竞致奇膳。护乃合以为鲭，世称'五侯鲭'，以为奇味焉。"文中的"五侯"指汉成帝母舅王谭、王根、王立、王商、王逢，他们虽然同时被封侯，但五家却相互看对方不顺眼。而娄护呢？出身医家，通晓本草、医学、方术，能言善辩，亦曾当过官。这五个王侯家族，虽然相处不太融洽，但都对娄护颇为看重。娄护为了化解五家的矛盾，也是费尽了洪荒之力，后来想到一个办法：说是比较喜欢吃五家人做的饭菜。于是，五个氏族大家竞相把自家的"看家菜"送给娄护品尝。娄护就将五家送来的菜肴混合起来烧煮，并用这种办法告诉五个家族相互包容、相互合力的相处之道，既无形中化解了五个氏族大家的矛盾，又无意之中发明了被世人称为"奇味"的"五侯鲭"。

至魏晋南北朝时，贾思勰把这道"五侯鲭"收录到了《齐民要术》中，并做了详解："用食板零揲，杂鲊、肉，合水煮，如作羹法。"根据此条，学术界认为，"五侯鲭"就是将鱼和肉等多种熟料加水或汤煮成的汤汁较浓的菜，类似于现在的大烩菜，其烹饪方法就是后世所说的"烩"。

那么，在一碗烩面中，"烩"出来的面要有怎样的口感才算是"好面"？郑州人的官宣是：既要柔中带绵，绵中又要透着一股筋道的面，才是"好面"。

要想面好，功夫就要下到。

从和面到拉扯成薄薄的面片，哪一道工序都容不得半点马虎。

面要用精粉，兑入适量的盐、碱或者鸡蛋和成面团，和好的面团要经过反复揉搓直到筋韧，最后拉成薄条入锅。

拉面也有要求，面条的宽窄、厚薄，都要适度，强调"刚刚好"，因为只有"刚刚好"的面条在肉骨汤里煮熟后，吃起来才会入味、走心。

在郑州，不少家庭也做烩面吃。

先将面和好，擀成长圆形的面片，在面片上抹上植物油，把面片码到一起，盖上湿布饧面。面饧两个小时左右后，将面片拉长下到羊肉汤（或牛肉汤、猪肉汤、鸡肉汤等）中，或将面片下到白水中煮熟，捞入碗内，浇上自制卤汁食用。如果不想自己和面，现如今超市和大型的菜市场都有烩面片儿卖，买上两片儿，回家扯一下下锅，省时又省事，方便又实用。

汤

品鉴烩面，要一喝汤，二尝肉，三吃面。意思是，烩面好吃与否，关键在汤。

通常，羊肉烩面的汤要用上好的羊腿骨、羊脊骨加鲜鲫鱼、鲜鸡架来煮，因为鲜鲫鱼、鲜鸡架可以给羊骨汤提鲜、提白。然后武火煮沸，撇出血沫，再放入枸杞、当归、黄芪、八角、香叶、花椒等调料，再用文火熬制六到八个小时后才能出汤。

但即使熬汤的食材、调料、时间、火候一样，各家熬出来的汤品也不一定相同，因为同样的食材、调料，不同的比例分配，不同的产地、品种等诸多细节都决定或影响着汤品的优劣。

汤色要在浓白中泛着点微微的黄，汤品口感既要舒滑，还要鲜而不腻，醇厚浓郁，这样的汤配着绿色的香菜、黄色的粉条、黑色的木耳等不同色彩、不同口感的配料才称得上是"一片笙箫，琉璃光射"。

要想让白汤成红色，则要靠牛肉。牛肉是先煮后卤之后再下锅煸炒的，待牛肉红色渐露，再将烩制好的牛肉倒入盛好的汤中。刹那间，一碗牛肉烩面就有了"泪眼问花花不语，乱红飞过秋千去"的色彩。

吃烩面，最怕羊肉的膻味。不过，如今的烩面大都已经做了这样的改良：羊肉经过反复浸泡后下锅，撇出血沫后，再放入花椒、八角等多种佐料煮烂。如此这般，卧在汤里的羊肉自然就鲜香不膻、绵软润口了。

变

1967 年，"公私合营"后，作为国企的郑州市饮食公司开设"合记烩面馆"，将烩面作为专营品种对外营业。从此，羊肉烩面作为一种独立面条经营品种正式"官宣"亮相，开启了"一路开挂"的人生。

相对于传统中餐，烩面这种新型面条品种更方便、快捷，再加上郑州便利的交通条件，南来北往的旅客多，故烩面这种独具一格的"面条"便渐渐成为郑州市民以及旅客首选的"国民小吃"。

一碗合记烩面，勾起了多少游子的家乡记忆……

改革开放后，随着萧记、惠丰源、巴老三、裕丰源、76人等诸多本土烩面馆的加入，羊肉、三鲜、滋补等多种口味的烩面不断丰富，烩面成为郑州街头最流行的"主旋律"小吃。

在这个"主旋律"中，国棉三厂的烩羊肉，国棉四厂、六厂的烩面，更是一代郑州人的记忆。一条棉纺路，半部郑州史。被称为"一座火车拉来的城市"的郑州，因为国棉厂这样的大型国有企业而崛起，大量长三角的技术人才和本地土著一起，共同绘制了这座城市的社会主义工业蓝图。20世纪七八十年代，依靠六大国棉厂，中原区成为郑州下辖各个区、县中，经济总量最高的一个，郑州也和武汉一起成长为中部工业城市的代表。在这样的背景下，郑州烩面也被打上了时代的烙印，成为链接本地和南方人（以上海人为主）共计10多万工人的一个媒介。

成长在巷子里的"国棉系"烩面，最早的食客大多是国棉厂的职工和家属。后来，因为其汤浓白、鲜美，其面是纯手工拽出来的，筋道、Q弹，其卤过的羊肉软香之中似乎入口就能化掉的口感，渐渐成了口碑炸裂的"现象级"烩面，引得不少郑州人和外地食客来此品尝。

咖喱烩面，也叫黄汤烩面，是国棉厂烩面中最特殊的存在，也是南北方文化交融碰撞的一个典型品种。一碗烩面汤由一半咖喱和一半羊肉原汤制成，而当咖喱碰上羊肉时，原本霸气的羊肉汤中竟然有了种淡淡的豁然开朗的味道，时尚而又前卫；再挑起几根面品尝，手工拉出的面筋道有嚼劲；经过腌制炖煮的大块羊肉，软烂嫩香；再加上粉条、千张、木耳等的搭配，口感更为清爽、撩人，让人意犹未尽。

如今，国棉厂的风光已不再，但是"国棉系"烩面名气反而比之前更大，"国棉系"烩面馆在郑州也越来越多。老郑州人踅摸着藏在小巷子里的老店，吃着烩面，聊聊家长里短，时光仿佛又回到了从前，回到了记忆中曾经的"国棉家园"……

烩面流行的同时也促生了烩面新的商业模式的产生。1995年，以麦当劳为样板的"红高粱"快餐店在郑州二七广场亮相。不足100平方米的餐厅，以其时尚靓丽的店面格局、新颖快捷的套餐形式，开辟了传统中餐快餐化的新模式，迅速成为当时郑州最为火爆的中餐店。借着这股热潮，"红高粱"迅速在郑州开了8家分店，并很快又把这股烩面热潮吹到了北京。1995年底，距北京麦当劳王府井店22米的王府井入口处，投入200万元资金的"红高粱"北京店开业，这一事件标志着郑州烩面正式走出河南，迈入更多中国人的视野。

2015 年 12 月，上海合作组织成员国总理第十四次会议在郑州举行。在李克强总理为与会外方领导人举行的欢迎晚宴上，当萧记烩面作为压轴餐品出现在各国总理面前时，它"迷倒"了一众外国总理们。郑州，以一碗烩面再次惊艳了世界。

2016 年 12 月，"76 人"烩面法国巴黎老佛爷购物中心店开业，打破了烩面"面长腿短"的魔咒，13 欧元（折合人民币约 90 元）一碗的烩面，开业 20 多天就卖出 10 万碗。巴黎的一位老华侨把一碗烩面"滋滋溜溜"吃完，擦着嘴直赞：这才是地道的家乡味。

一碗烩面，勾起了深埋在心底的那段家乡情结。

一碗烩面，从河南飘到法国，又是怎样保证了味道的统一呢？其实，早在创业之初，为了保证烩面口味、品质的统一，"76 人"就已经从汤、面，到菜、肉、油等，都做了统一的量化标准，并率先启用了"中央厨房"的统一配送模式。事实证明，正是这个"无意"之举，使得"76 人"后来得以迅速、稳定地发展，烩面连锁不仅开到了全省各地市，并在安徽、河北等省市甚至在国外也安营扎寨，且经营状况极好。如今，"76 人"在全国的连锁店面已经达到了 96 家之多，升级版的烩面连锁店也正在酝酿创建中。

但烩面想要"出圈"，还需要有更多的能与当代社会接轨的方式才能实现。进入新世纪，在烩面标准化的配送上已经达到了"独孤求败"的"76 人"，开始把目光投向了方便装的烩面研发上，"和馆子一个味儿""可以带走的河南烩面"是"76 人"做方便装烩面的初衷，而"和馆子一个味儿"的"76 人"方便装烩面一经推向市场，便由于其具有的唯一性、高辨识度的美食记忆点而迅速俘获了年轻一代消费群体。在淘宝、天猫、京东、拼多多等电商平台上，"76人"方便装烩面，回购率达到了50%以上。2020年，仅"双十一"单日销售量就达到了2万多箱。在线下，方便装的"76人"烩面不仅进入了河南本地的机场、高铁站、大型商业综合体、超市等销售，同时还挺进了澳大利亚、加拿大等国家的商综、超市中。

但销售的模式永远是：没有最好，只有更好；没有最新，只有更新。随着日新月异的互联网的发展，"76人"也在不断调整、探索着新的模式：开设抖音、快手等短视频平台，3个月积累近200万粉丝；成立专业短视频、直播带货团队，并与李佳琦、央视直播等带货达人、平台合作，实现了线上销售新飞跃。

诱人的海鲜烩面

一碗烩面，就这样，被走亲访友的河南人、外省人甚至是外国人带到离家更远的餐桌上。

烩面这碗有千年历史的面条，也逐渐成为郑州的一张名片、一个文化 IP，被承载了更多的文化内涵和历史使命。

和

无论是羊肉烩面、滋补烩面，还是三鲜烩面，郑州市场的烩面大多配以黄花菜、木耳、水粉条、千张丝、海带丝等，上桌时外带香菜、辣椒油、糖蒜等小碟，可谓是菜、面、汤俱全。但跟这种烩面调性不太相同的是：登封的烩面一定要滴上几滴香油才够地道。

登封烩面的主流是原汤羊肉烩面。原汤羊肉烩面讲究汤要浓白、面要筋道、肉要绵软、菜要青翠、碗要大气、片要扯匀、料要辣香。这样的一碗烩面，汤白、面靓，加上大块羊肉、木耳、海带、香葱、芫荽，淋上小磨香油、辣椒油，看起来就很"高光"，吃起来汤鲜、味醇，那醇厚的味道，直教回乡的游子瞬间口水与泪水齐飞。

登封的第一家私营面馆开在 20 世纪 70 年代末，"孙家清真烩面"是原汤羊肉烩面的代表。在计划经济年代，能吃上 4 两粮票、2 角钱一碗的清真羊肉烩面，是一件相当有面儿的事儿。当年那拿着饭票、排着长队等着吃烩面的场景，至今仍是一代老登封人的谈资。

在荥阳来碗烩面尝尝，不能说吃，要说"喝"烩面，红汤烩面尤为吃货们推崇。

荥阳红汤烩面的底汤一定要用羊脊骨、羊肉等熬制，调料除了八角、香叶、花椒等基本调料外，丁香、肉蔻的用量比例相对较大，因此，细品荥阳红汤烩面的汤汁，醇厚之中还透着一丝淡淡的丁香的味道。那味道，高远又悠长，迷茫又清幽，就像走进了戴望舒的《雨巷》一样，久久不能自拔：

> 撑着油纸伞，独自
>
> 彷徨在悠长、悠长
>
> 又寂寥的雨巷
>
> 我希望逢着
>
> 一个丁香一样的
>
> 结着愁怨的姑娘
>
> 她是有
>
> 丁香一样的颜色
>
> 丁香一样的芬芳
>
> 丁香一样的忧愁
>
> ……

汤里那悠长悠长的丁香的回味，让人欲罢不能、欲说还休，怪不得荥阳人称"吃"烩面为"喝"烩面呢！

荥阳红汤烩面还有一个特点：夏秋季的配菜是香菜等时令菜，

荥阳红汤烩面

冬春季的配菜则以韭菜等时令菜为主。

讲究时令，遵循四时规律，尽量不食或者少食反季节食品，是中国烹饪的经典理论。

2000 多年前，孔子说过"不时不食"，同一时期成书的《黄帝内经》中提到"司岁备物"。什么意思呢？就是说不是应季的食物不要吃。我们采集药物、准备食物，都要遵循大自然春生夏长、秋收冬藏的规律，这样的药物、食物得天地之精华，营养价值最高。比如，春吃花、夏吃叶、秋吃果、冬吃根；比如，四月的樱桃、六月的西瓜、九月的梨。

中医认为，食物和药物一要讲究"气"，二要讲究"味"。它们的气和味只有在当令时，即生长成熟符合节气的时候，才能得天地之精气。如果不是应季的食物，它就没有那个季节的特性，口味与营养价值就会大打折扣。

以韭菜为例。农村有句谚语：麦黄烂韭。意思是到了夏天，韭菜是没有品质可言的。如今，一年四季都有韭菜可吃，但从口感与营养价值评判，肯定还是春季的韭菜最好。

一碗烩面，"和"而不同。却无意间道出了郑州的饮食特点、人文特色："人禀天地中和之性，菜具饮食中和之味。"

地处九州之中的优势，使得郑州人、郑州文化极具兼容性，就连吃也不例外。对于新生事物、不同流派，郑州人始终都以"君子和而不同"的儒家态度包容、接纳，并愿意学彼之长、补己所短，不断开拓自己的视野，并在包容中不断地寻求与城市共生、共长、共荣、共存的"和解之道"，这是郑州人的胸怀，更是一座城市在历经了3000多年风雨之后淬火成钢的自信和从容！

郑州，很好！烩面，你吃了吗？

一张烙馍，能卷尽全世界

一张烙馍，可卷馓子、油条；一张烙馍，也可以卷京酱肉丝、孜然羊肉、韭菜炒河虾；一张烙馍，还能把土豆丝、红萝卜丝、虎皮辣椒、生菜等时令蔬菜混搭卷在一起……在郑州，从早餐到晚餐，一张烙馍在手，就能卷尽全世界。

一馍在手，世界全有

烙馍，是在铁鏊子上烙制成的面饼，是郑州乃至河南的传统特色食品，有"烙馍省、蒸馍费，常吃油馍要卖地""烙馍卷辣椒，越吃越添膘"之俗语。

烙馍既省时又方便，面粉掺水一揉，铁鏊子一支，边烙边吃。一个快手主妇，烙烙馍可以供五六个人吃。有时，两个人也可以配合起来，一人擀，一人烙，一张鏊子就可满足几十人甚至上百人的主食需要。

烙馍在郑州是全民食品。因为全民，所以在郑州以"烙馍村""烙馍卷菜"为名的餐馆不在少数。不信，你在郑州的东南西北四个方向随便转转，都能瞄见一个以烙馍为主的餐馆来。

烙馍是个技术含量高且需要团结协作的项目。以前，在乡村，大多数是妻子擀、丈夫翻，也有姑嫂、大娘大婶们合伙制作的。烙馍的工具很简单，一个三条腿的鏊子，用生铁和铝铸成，像一面翻扣的铜锣，支在灶上或地上，一个人烧火兼翻挑。翻馍的工具是一尺多长的竹劈，既轻便又不会烫手。另一个人用擀杖擀烙饼。烙馍的时候，往往是妇女们大显身手的时候。巧妇手中的小木擀杖，能擀得面饼团团转，能将核桃大小的面团擀出直径约一尺圆如月、白如雪、薄如纸的"张子"，再用小擀杖随手一挑，不偏不斜就落到了鏊子上。擀馍的好手每斤面能擀出十五六个，薄如蝉翼，状如满月，厚薄匀称。一人擀可同时供两三个鏊子烙。

相传，清朝乾隆皇帝下江南时，途经河南，曾看到一位民间高手在烙馍，一女子于面案上擀饼，三翻两擀出来一张薄如蝉翼、大如银盘的面饼，用擀面杖顺手一挑，那面饼便飘飘悠悠地落到东边的热鏊上，接着又一张飞向了西边的热鏊上，直看得乾隆皇帝目瞪口呆。

郑州很多酒楼中都有烙馍卷菜这道特色小吃，不过，卷的内容却不尽相同。有卷馓子、油条的，有卷辣椒炒鸡蛋、香椿拌豆腐的，有卷小酥肉、卤汁肉丝、孜然羊肉、韭花炒河虾的，也有把绿豆芽、土豆丝、红萝卜丝、鸡肉丝、豆腐丝等混搭卷在一起的。而郑州街头的小吃摊点上，从早餐到晚餐，烙馍卷菜从来都

烙馍卷菜

是主流中的主流：卤鸡蛋、海带丝、土豆丝、豆豉辣椒圈、豆腐皮、火腿肠、烤面筋、烤肉串、生菜等，随便一卷，就有令你吃出人生巅峰的惊艳气势来！

在家里，烙馍的吃法就更花样繁多了，爱吃甜味的，可以卷白糖吃；不想炒菜的，随便几勺豆豉，或者香菇酱、辣椒酱、芥菜丝等酱菜，都能吃出春天的喜悦！更别说在周六周日的朋友圈里，晒自己烙馍卷菜手艺的 N 多家庭的花样吃法了，只有你想不到的，就没有卷不到烙馍里的菜：海参丝、鱿鱼丝、千张丝，丝丝都有；虾肉、鱼肉、牛羊肉，肉肉皆在；鸭蛋、鹅蛋、鹌鹑蛋，蛋蛋都能卷；还有虎皮辣椒、虎皮鸡蛋、虎皮豆腐等各种"虎皮"，品种、花样繁多到简直能让你怀疑人生！对于这种包罗万象的吃法，外地来郑的客人表示除了服气还是服气！

给郑州人一张烙馍，他真的能卷尽全世界。

煎饼从哪里来？

同样能卷尽全世界的还有煎饼。与烙馍不同的是，煎饼是把白面和成稀面糊（还可以把鸡蛋打成鸡蛋液和到面糊中）摊熟即成的。

以煎饼果子为代表的煎饼摊曾在郑州风靡一时。随之而来探讨"煎饼果子是从哪里传到郑州来的"的话题也就迅速上了热搜，最终，郑州人自己探讨出来的"煎饼果子是从天津传来的"答案成了许多人的共识。

不过，达成上述"共识"的那部分郑州人大概忘记了一件事：他们自己家里也是经常摊煎饼吃的。

其实，煎饼原本就是郑州本土的食品，至于为什么把夹进去的馓子叫果子，那就更古老了："果子"是从北宋首都开封城遗留下来的称呼，是对用面粉制作（大部分需要经过一道油炸的工序）的面点的统称。比如，馓子、油条、三刀这些就被称为油果子。至今，郑州境内的新密、荥阳、巩义、新郑等地也依旧沿袭着把面食类的点心称为果子的传统。

煎饼，是中原地区普及较广的一种面食。但和山东的煎饼不同，郑州的煎饼以现做现吃、口感鲜软为主，而且制作简单：用白面和成稀面糊摊熟即成。相较于其他主食，摊煎饼既便捷，又能各种花样翻新。想吃咸鲜的，敲个鸡蛋进去，加点五香粉、食盐、葱花，口感鲜美、松软，令人齿颊留香；想夹"果子"吃，搅面糊时不加鸡蛋液，面糊和得稍稠一些即可。

过去，郑州境内还有二月二摊煎饼祭龙的食俗："二月二，雪水流，摊的煎饼搭墙头。"农历二月初二，冬雪渐渐融化，被严寒困扰一冬的

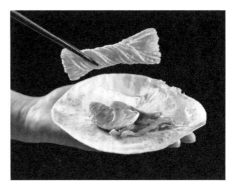

一张饼，可以卷尽全世界

人们，此时准备开始繁忙的春耕生产了。这天，家家户户要摊一沓煎饼，或当早饭吃下，或作祭品搭在墙头，或扔一张煎饼到河沟里。因为民间传说，二月二是东海龙王的生日，龙为水神，掌管行云布雨，所以要摊煎饼祭龙王，目的是要让老龙王记得百姓的苦，也要记得百姓的好，保佑人间这一年风调雨顺，五谷丰登。

不但要摊煎饼，二月二这天家家户户还不能喝糊涂，怕喝糊涂糊住了龙眼。龙眼被糊住就看不清地面的墒情，下起雨来不是多就是少，容易产生涝灾或旱灾。二月二还忌喝疙瘩汤，不然到夏季就会下冰雹。

二月二吃煎饼的习俗直到明末还有。明人刘若愚在《酌中志》中记载当时北京亦有此风俗："（二月）初二日，各宫门撤出所安彩妆。各家用黍面枣糕，以油煎之，或以面和稀，摊为煎饼，名曰'熏虫'。"

所以，煎饼果子也很有可能是在北京、天津转了一个圈又回到老家郑州了。

满城尽是胡辣汤

牛肉（羊肉）、粉条、面筋、黄花菜等，散落在胡辣汤中，疏密有度，黏而不稠；粉条是滑软的，但滑而不散；那辣是清香而渐进的，透着一股辛味。喝一碗下肚，只觉得一股暖流从胸腹直散到肌肤毛孔之末，汗也出得畅快淋漓。

早上一碗胡辣汤，元气满满

如果评选"郑州最具国民度的早餐"，恐怕非胡辣汤莫属。尽管老郑州人并不认可如今全城流行的"齁辣、齁咸"的胡辣汤，但对于胡辣汤，郑州人依然有着特殊的情感。除了早上喝、中午喝，现在还有 24 小时售卖的。

牛肉（羊肉）、粉条、面筋、黄花菜等，散落在胡辣汤中，疏密有度，黏而不稠；粉条是滑软的，但滑而不散；那辣是清香而渐进的，透着一股辛味。喝一碗下肚，只觉得一股暖流从胸腹直散到肌肤毛孔之末，汗也出得畅快淋漓。

"早上叫醒我的不是闹钟，而是对一碗胡辣汤的渴望！"

"早上一碗胡辣汤，元气满满！"

当东北的小黑木耳、南阳西峡的小香菇、福建古田的鹿茸菇、山东济宁的竹耳菌、沈阳的虫草花，与强势的胡辣汤相遇后，胡辣汤又会发生什么样的变化呢？

早上一碗胡辣汤，元气满满

一碗汤落肚，辣不见椒，酸不见醋。那原本霸气的胡辣汤竟因为有了一股淡淡的山谷之气而显得柔和了许多。然而过了几分钟之后，那淡淡的香辛味道便开始弥散在口中、胃里，良久不绝。所谓"随风潜入夜，润物细无声"，也许正是这个境界吧。

凭着这样的一碗野山菌胡辣汤，从数千家胡辣汤店中脱颖而出的"方一坤"，如今也成了部分年轻"胡粉"心中的小小"白月光"。

随着生活节奏、工作节奏的不断加快，在郑州，方便装的胡辣汤也越来越走俏，很多吃货到品牌胡辣汤馆喝完胡辣汤后，末了还要再拎两包方便装胡辣汤回家。而以品牌打造胡辣汤 IP 动漫形象，"潮玩"店、"国风"方便装、动漫形象盲盒等方式，不仅让胡辣汤产业的传统性与现代性碰撞出了思想的火花，也赋予了胡辣汤潮流、时尚的一面。

外省人头一次喝胡辣汤，可能未必受得住这股"辣"味。汤端上来，明晃晃的辣椒油摆在桌上，即便一滴不加，口味清淡者恐怕也要直吐舌头，非得大嚼几口包子油条，才镇得住这满嘴的辛辣，于是连连摆手："为啥一大早就吃得这么辣？"

误会，这实在是个误会。因为传统的胡辣汤凸显的并不是"辣"，而是生姜和胡椒发散出的循序渐进式的、淡淡的辛的味道。

此辣非彼辣

正是由于胡辣汤是郑州最具国民度的早餐小吃，因此，关于胡辣汤的那点历史，被网友、商家扒拉出了各种版本。

源于宋代说。胡辣汤源于宋徽宗年间。当时宫中御膳厨师，以少林寺"醒酒汤"和武当山"消食茶"二方为基础，做出了一种色香味俱佳的汤，该汤既消减了茶之苦味，又去掉了汤之辣味，且能醒酒提神、开胃健脾。后来，此汤就演变成了今天的胡辣汤。

胡辣汤的祖宗应该是酸辣汤和肉粥。按宋代《太平惠民和剂局方》记载，在食物里加入花椒、胡椒等辛温香燥药物，估计是宋代的社会潮流，而胡辣汤就是在此基础上进行改进而成的。取酸辣汤的醒酒、消食功用，加入肉恐怕是为了适应大多数人的口味，再辅以生姜、花椒、胡椒、八角、肉桂等调料，辛香行气、舒肝醒脾。

源自宫廷说。有说是源自宋代宫廷的，也有说是源自明代宫

山菌胡辣汤

廷的，甚至还有说自家祖上就是宫廷御厨，后来受到诸如严嵩之流的奸臣迫害，带着手艺逃到民间的。

事实上，传统胡辣汤的正经出身，要比这些传说年代更加久远：它的前身是最迟在南北朝时期就已经流行于中原一带的胡麻羹。

需要备注一下：古代的羹，为使其黏稠，一般会加些米屑等。

不过，胡辣汤也好，胡麻羹也罢，这汤里的"辣"味可不是辣椒的"辣"，辣椒一物大约在明朝后才传入中国，南北朝时期做胡麻羹靠什么来提取辣味呢？

先来看看先祖们对"辣"的理解。

"辣"字之义最早收载于汉代人服虔所著的《通俗文》："辛甚曰辣。"《通俗文》已佚，该条见于唐代玄应著的《一切经音义》。南朝梁顾野王编纂的字书《玉篇·辛部》亦收有该字，张氏泽存堂本影印、中国书店 1983 年出版的《宋本玉篇》，对"辣"的解释是："辛辣者，痛也。"

也就是说，辛味发挥到极致为辣，比如芥、葱的味道即为辣。

辛，是中国人特有的味觉发现。在张骞出使西域之前，最常用的发辛食材是生姜与花椒。生姜、花椒的原产地都在中国，最晚至先秦时期就有了。而在先秦典籍中，姜被称为"和之美者"，不仅能祛除异味，还能激发出鱼肉的美味，故烹制鱼肉时都离不开姜。花椒素有"调味之王"的美誉，芳香健脾的同时，还可以增香提鲜。

生姜、花椒还是两味中药，都具有温中散寒、除湿止痛、逐风解毒、止痒等功效。在东汉医圣张仲景的著作中，生姜常用于降胃气。比如栀子生姜豉汤，治疗热扰胸膈、心烦不眠而兼呕吐，就以生姜散寒止吐。孔子曾言："不撤姜食。"后世推测，在当时"人生七十古来稀"的环境中，孔子能活到 73 岁高龄，也许与他长期坚持服姜有一定关系。

来自东周的风味

若再向前追溯，胡麻羹又滥觞于周代名羹——"和羹"。

"和羹"一词，较早见于先秦儒家经典《尚书》中《商书·说命（下）》一篇："王曰：'来！汝说。……若作酒醴，尔唯曲蘖；若作和羹，尔惟盐梅。'"这是商王武丁命贤人傅说作相时说的一段话。"曲蘖"是酒曲,乃粮食与酒之间的中介。"和羹"即调制成的羹汤。

到了东周,"和羹"成为国都洛阳的主流饮食之一。它主要用姜之辛和花椒的辛、麻提味,内有肉、菜等配料,是口感有些酸、辛、咸的调和之羹。相较于现在的汤,周人的羹更加浓稠。浓到什么程度呢?拿肉羹举例,当时的肉羹若用当代人的眼光来看,简直稠得就像肉酱。

东周自周平王元年(前770)定都于洛阳,前后历经500余年,国都的饮食风俗,自然会影响周边地区乃至整个中国。

由于地处盆地,冬天干燥寒冷,夏季湿气太大,洛阳城几千年的饮食始终贯穿一个"汤"字,亲水、重羹,且以酸辣见长,早晚喝汤,中午吃水席,从坊间到厅堂,洛阳人始终坚持着把"汤"进行到底。

隋唐时,中原一带还一直盛行荤素搭配的羹品,例如忽羊羹、剪云斫鱼羹、香翠鹌羹、劝客驼蹄羹、绿芋羹等。到了北宋,河南的羹类更为丰富,仅流行于市肆的就有百味羹、头羹、莲子羹、新法鸽子羹、三脆羹、血羹、粉羹等百种之多。这种饮食风尚一直影响到今天。君不见,郑州的大街小巷,牛肉汤、牛杂汤、羊杂汤、豆腐汤、丸子汤的招牌随处可见,汤也得以随处可喝。

那"和羹"为什么后来又演变成胡麻羹了呢?这要归因于汉武帝时期张骞出使西域,胡人的胡麻(芝麻)、胡荽(香菜)、胡瓜(黄瓜)、胡椒等被逐渐引入中原饮食。其中,胡椒以其较姜、花椒更为强烈的芳香和辛辣,在烹调中有灭腥去膻、增香提鲜的功用，且食用后对身体有温中、下气、消痰、解毒的品质而日渐风行。可以说，在辣椒传入中国以前，胡椒是最优秀、最常用的辛味剂。

人们发现，把胡椒加入"和羹"，开胃行气、舒肝醒脾的功效更强大，因此便用胡椒代替了花椒。又因羹中浓烈的辣味源自胡椒，遂又有了"胡麻羹"的新名。

北宋《太平惠民和剂局方》曾收录过一个名曰"胡椒汤"的验方，方由红豆、肉桂、胡椒、干姜、桔梗、甘草组成，研为细末。每服一大碗，入盐少许，沸汤点服。治脾胃受寒，胸膈不利，心腹疼痛，嗝逆恶心。常服温暖脾胃，祛寒顺气。

宋代之后，由于民族、地域间文化的相互融合、碰撞，一些字意发生了改变，"羹"渐渐被"汤"所替代，"胡麻羹"也随之更名为今日的"胡辣汤"。

辣，不是重点

虽然名字里有个"辣"字，但那种能让人胃里喷火的辣，从来就不是传统胡辣汤所追求的最高境界，自然也就不在食客们的考评体系当中。相反，一碗地道的胡辣汤，反而是由很多柔和适口的其他食材一起组成的，比如面筋。

尽管现在已经有了洗面筋机，但手工洗出来的面筋，无论是柔韧度、黏合度，还是入口不留纤维的口感，都是机械化生产不能替代的。目前，郑州市内的高群生、方中山、方一坤胡辣汤馆，北舞渡派系的胡辣汤馆，以及新密、荥阳、登封、中牟等县市（区）的大部分胡辣汤馆坚持的还是手工洗面筋。这种程序相当复杂，因为面筋的好坏，除了受所选用面筋粉的好坏程度影响外，和面的成功与否也有很大关系。用力和好的面筋团，一定要放置一段时间再去洗才有一定的柔韧度，否则洗出来的面筋很有可能会软到不能成型。

面筋的最佳口感，是柔韧中有弹性，劲道中有一点滑软，洗好的面筋还要略带灰色，上面要有小孔，这就要求反复搓洗，只有洗干净面团里的淀粉，才会使面筋筋道。最后还要让它多放置些时间，面筋会变光滑紧密，弹性足，韧性好。

"糟肉"也是如此。所谓"糟肉"，就是把牛羊肉先用白水煮熟后，切块或切片，再用花椒、胡椒、八角、肉蔻、丁香、白芷等二三十种大料跟肉一起炖、焖两个小时，之后分装进大盆，冷却待用。

这时的肉已经被炖焖得烂香，且料香已经渗进了肉里，跟肉香融在一起。做汤时，不用再放任何调料，只按照一碗汤一两肉的比例，把糟肉连着肉汁一起放进汤中，料香便渗进了汤锅，由此也便形成了胡辣汤的特点：香不见料，辣不见椒，是喝完汤走二里地，打个饱嗝胡椒味还能出来的好汤。

目前郑州市场上流行的胡辣汤以逍遥镇胡辣汤为主流。胡辣汤里有时是看得到料粉的，在做汤之前，需把花椒、胡椒、八角等二三十种已经配比好的料，用铁锹铲进机器打碎，再研成粉末，

逍遥镇胡辣汤的"打料"

就成了逍遥镇胡辣汤的基础料粉。

接下来，是制汤。先用羊油炝锅，再放入姜末，加入之前熬好的牛羊骨高汤，放入研成粉末状的料粉，最后再加入面筋等配菜。

就是这个细节，最终决定了逍遥镇胡辣汤汤品的好坏。料，只是保证汤的鲜味的一个方面，制汤才是各家制胜的秘诀。也就是说，如果不会制汤，即使给你料粉，你也只能处在勾兑胡辣汤的水准上。

熬一锅顶尖的牛羊肉胡辣汤，通常要用上好的牛羊腿骨、脊骨加鲜鲫鱼、鲜鸡架以提鲜、提白。然后以武火煮沸，撇出血沫，再放入调料，用文火熬制六到八个小时后才能出汤。

3000多年前，中国烹饪始祖、商朝那位从奴隶逆袭为宰相的传奇老头儿伊尹曾说："凡味之本，水最为始。"五味六材，水乃第一，这是中国烹饪的智慧，也是中国人总结的生活哲理。他的这条理论，直接演变为中国烹饪贯彻至今的一条行业标准："唱戏的腔，厨师的汤。"——饭菜正不正点，先看汤，汤是基础。这不仅是中国人生活智慧的总结，更是中国烹饪哲学中"和"的体现——融甜咸酸辣为一鼎，此为"和"。

再说到胡辣汤的源头——和羹。和羹虽属重口味的羹汤，但口味重绝非目的。制汤追求技术含量，生姜、花椒，以及后来的胡椒等调料该放多少，羹汤的味道才能于辛辣之中还透着鲜美的口感？肉骨等食材应当如何配伍，才最营养、最科学？火候对羹汤的质地、口感又有着怎样决定性的影响？五味该怎样调和才能恰如其分地彰显食材的鲜与美？

正如《吕氏春秋》记下的那句伊尹之言："调和之事，必以甘酸苦辛咸。先后多少，其齐甚微，皆有自起。"口感的变化是极其精妙的，这当中大有文章。于是古人把"和羹"比作宰辅之职——辅助君主处理国政的能力，在五味杂陈中，尽调和之能事，物尽其用，人尽其才，知人善用，才能达到平衡和谐的状态，所谓治大国若烹小鲜。

但对于大多数郑州人来说，乡愁也许就是一碗胡辣汤，我在这头，家乡在那头。

来，"谷堆"一碗羊肉汤

　　爱喝羊肉汤的人，通常要起个大早，跑到心仪的羊肉汤馆门口排队候汤。有时候，因为汤馆人多，座位不够，没位子的汤客们就会自觉端汤"谷堆"（郑州方言，蹲着的意思）在汤馆门口喝。在喝汤一事上，汤客们认为，甭管你身家几何，该"谷堆"时就"谷堆"才是合格的汤客心态，也是对一口好汤最起码的尊重。

管城区的美食

　　若问郑州市哪个地段的传统美食最集中，品质、口碑也最王炸，那就非管城区莫属了。烩面、羊肉汤、酱牛肉、烧鸡、烤鸭、羊杂，用吃货的话说，就是每一款都可以好吃到没朋友。

　　管城区是郑州市的中心老城区，商代早中期的都城遗址——商城遗址，就坐落在管城区。

　　商城遗址被考古界认定为先周时期仅次于殷墟的庞大都城遗

址，建于距今 3300 多年前的商代早中期（考古学家安金槐认为该城是商代中期之隞都；而北京大学邹衡先生则认为是商汤都城亳都）。商城遗址占地 25 平方千米，体现了大一统王朝第一都的气势。据专家估算，这样大规模的城市修建需要 3 万人、历时 3 年集中施工才能完成。而多批按一定布局建立起的手工业作坊遗址、制骨作坊遗址、铸铜作坊遗址以及制陶作坊遗址的陆续亮相也为郑州"商城"的称谓找到了历史依据。

同时，历史上，"商人"一词似也与郑州有着千丝万缕的联系。公元前 1046 年，周武王用牧野之战结束了商王朝的最后时刻。武王立国以后，为了加强对商代遗民的管理，就把弟弟管叔鲜分封在郑州一带。商人主要活动在北至安阳，东至商丘，西至偃师的区域内，而位于中心的郑州正是监管商代遗民的最佳地点。在周人眼中，做生意的人就是商代的遗民，所以习惯上就把他们叫作"商人"或者"商贾"。如此，"商人"的称呼，似乎就是从郑州开始的。

在中国古代史传文学中最早出现的商人形象便是郑州商人弦高，而且其光彩照人。《左传》僖公三十年至三十三年记载，秦国的奸细杞子在郑国掌管了国都北门的钥匙之后，就派人报告秦国国君秦穆公，定下了双方里应外合，一举灭掉郑国的计策。秦穆公派了几员大将带领大部队去偷袭郑国，部队行军至滑国的时候，被准备到周朝都城做买卖的郑国商人弦高撞见，出于强烈的爱国心，弦高机智善断，一方面装成郑国君主派出的使者，以犒劳秦师的"名义"暂时迷惑了秦军；另一方面又迅速派人向郑国朝廷通报信息，做好应战准备。弦高的机智以及他那一套高级的外交辞令，最终使得秦国将领相信了他的话，认为郑国已经有了防备，没有成功的可能性了，只好顺手灭掉滑国，然后就班师回秦了。

郑国得保，商人弦高厥功至伟！

后世评价：中国古代文学中出现的商人形象绝大多数是负面的，以贪财好利为基本特征。这里出现的弦高则与此相反，他不是贪财好利的，而是舍财以纾国难。不仅如此，他还机智善断，并且有良好的文化素养，是一位高层次、高品位的商人。

"国家兴亡，匹夫有责。"弦高的这种国家利益高于一切的义举，被史学家左丘明载入《左传》，直至今日都是人们学习的楷模。

也许是骨子里由来已久的这种"商"的特质，使得管城区的商业活动没有最早，只有更早，也因此，伴随着手工作坊、小推车成长起来的羊肉汤、卤肉成了管城区的标志性饮食之一。

卤肉和经堂席

在管城区，不少特色的卤肉店的店面都很简单，但每家都有一个共同点：顾客多。下午天色渐暗时，也是卤肉小店生意最好的时候，看哪家门前排的队最长，你就能猜到哪家味道最棒了。

在诸多卤肉店中，老字号的铁记酱牛肉、郭记烧鸡、陈记老八烧鸡牛肉、五顺斋烤鸭、马记烧鸡的制作技艺已经分别被列入郑州市市级非物质文化遗产代表性项目、管城区非物质文

几家老店门口，每天都被排队买酱牛肉、烧鸡的顾客堵得严严实实的

化遗产代表性项目。

牛肉卤得好不好吃，全靠实力说话。祖传的配方自不用说，在熬煮的过程中，通过观察色泽，调配汤汁，多种香料必须按比例投入，多一克少一克都会影响味道。

牛肉出锅时要提拉起来不碎不散，指压无痕，口感要肥而不腻，瘦而不柴，且酱香浓郁。

还有一种垛子牛羊肉，是将花椒、生姜、香叶等香料随牛肉放入锅中，小火熬制煮烂，使胶原蛋白充分溶入汤中，冷却压制后，码成一垛，吃时用刀片成薄薄的片儿。由于牛羊肉已经与汤汁融合在一起，所以吃起来入口即化，且柔绵中有弹劲，弹韧中又有无尽的柔美。

如果把肉类的卤制品按口感分类归档，划分出男女之别的话，我愿意把卤牛肉、卤羊肉归为男人、汉子，粗犷、健硕；而垛子牛羊肉之类的我更愿意将其想象为女人，柔情似水、千娇百媚。

烧鸡闻起来味道就特别香，吃起来更是骨酥肉嫩，浓香醇厚；小笋鸡的肉质软嫩，连鸡胸肉都是细嫩了无痕的。

桶子鸡的命名是因其圆美饱满、中空如桶而得来的，别称"油鸡"。桶子鸡耐嚼，且越嚼越香。往往半只桶子鸡可以吃上两三个钟头，这份吃情就是"楼上看山，城头看雪，灯前看花，舟中看霞，月下看美人，别是一番情景"。这份吃情，全中国恐怕也只有一只大闸蟹能吃上几个钟头的上海人可堪一比。

卖清真牛羊杂的"店面"通常超简单，只是一辆小推车而已，车上摆了个大盆，装着卤牛肉、麻辣羊蹄，还有牛羊杂碎，味道都是绝佳的。

"西兰轩"是20世纪80年代郑州著名的国营清真菜馆，传统扒羊肉、糖醋鲤鱼焙面、西辣羊肉等是很多老吃货心中的"白月光"。而作为郑州市经营回族炒菜的老字号、经堂席制作技艺的项目保护单位，西兰轩的经堂席制作技艺已被列入第七批郑州市市级非物质文化遗产代表性项目。

经堂席，阿拉伯语称为"尼叶提"，是一种穆斯林传统宴客形式，与伊斯兰教遍布各地的"经堂教育"密切相关，有着悠久的历史，是中国清真菜肴最具有代表性的宴席之一。西兰轩经堂席有四个面食点心、七个凉菜、八个热菜、一甜一咸两个汤，配以盖碗八宝茶或茉莉香茶。品种有盖碗八宝茶、牛肉菜角、油香、豌豆糕、黄金饽饽、风味羊肉、烧牛肉、扒牛舌、大酥肉、小酥肉、原油肉、白炖羊肉、烧丸子、盖碗茉莉香茶、麻酱烧饼、葱油饼、葱油羊肚、葱椒鸡、特色羊排、白扒广肚、糖醋鲤鱼焙面、靠山肉、酱烧牛肋肉、传统扒羊肉等。

西兰轩经堂席

西兰轩经堂席的制作讲究汤精肉烂、味美汤鲜、色鲜气香，刀工要求严谨，且刀法多样，制作技法包含烧、烤、烩、焖、蒸、扒、煎、炖八种，并讲究一桌宴席上有苦、辣、酸、甜、咸、香、鲜等多种口味的体现，是郑州颇具特色的传统回族宴席。

该"谷堆"时就"谷堆"

郑州的老汤客们一般认为：好喝的汤通常不是出现在窗明几净的饭店里，而是如珍珠般散落在民间，藏在郑州的大街小巷、犄角旮旯里的，所以，诸如老顺城、老巴家、宋老三、白壄、吕老大、帖记、刘记、周记、伍德、付家等名扬郑州的羊肉汤，都是那些资深汤客们从胡同里、小巷中，一趟趟踅摸出来、一口口品出来的。

爱喝羊肉汤的人，通常要起个大早，跑到心仪的羊肉汤馆门口排队候汤。有时候，因为汤馆人多，座位不够，没位子的汤客们就会自觉端汤"谷堆"在汤馆门口喝。在喝汤一事上，汤客们认为，甭管你身家几何，该"谷堆"时就"谷堆"才是合格的汤客心态，也是对一口好汤最起码的尊重。

汤再好，也要有绿叶相衬。原油肉、烩羊肉、酥肉、丸子是老城区老巷子里一些有年头的老汤馆的标配。原油肉讲究趁热吃，口感以软嫩细滑、微有柔韧为最好。而要想达到这样的标准，首先原料必须要选用肥瘦相间的羊肋条肉；其次，是煮肉的火候和蒸肉的调料。羊肋条下锅，要煮至用筷子能直接插进去，才能出锅。煮好的羊肉要用刀把羊皮跟羊肉分割开，然后，把羊肉切成长条状放置碗底（肥面朝下），加入肉汤，佐以老抽、葱段、八角、姜片等调料后，上笼蒸烂。

乳白的羊肉汤上，黑的木耳、白的菌菇、红的羊肉、绿的青菜，看起来煞是清爽可爱；品一口汤，那汤头的口感初品是惊艳，再品则是绝妙；羊肉是软烂的，鲜香绵柔，合着高汤的醇厚、粉条的嫩滑，这样的一碗烩羊肉，往往不知不觉就见了底。

锅盔，以及现烤的烧饼、火烧等，是喝汤必不可少的主食。把一块饼掰碎了泡进热腾腾的鲜汤里，面饼在鲜汤的浸润下渐渐变得柔软起来，夹起一块面饼送进口中，那淡淡的麦香中又揉进了羊肉鲜香的面饼，竟是"白雪却嫌春色晚，故穿庭树作飞花"般的令人惊艳！怪不得汤客们常说，喝汤有一整套让你上瘾的体系呢。

在郑州喝羊肉汤，还有个约定俗成的叫作"一碗饱"的规矩：

一碗汤喝完，再加肉（或丸子等）是需要加钱的，但是添汤免费。一碗不够喝，可以免费絮汤。

"絮汤免费"这条不成文的规矩，几乎是郑州全境 16 个县市（区）大部分汤馆从古至今留下的。在老郑州人的观念里，买一碗汤再喝上三四碗免费肉汤，直到彻底喝饱再走的主儿毕竟是少数，而且，这样喝汤的主儿不是做苦力的，就是家里经济条件不是很好的，不得已才为之。因此，"人情留一线，日后好相见"的喝汤规矩就这样被世代保留了下来。

一座城市的商业行为中至今还在整体延续着老祖宗留下的某些"喝汤"规矩，于是，这碗原本简单的汤就变得没那么简单了。

羊肉汤的诱惑

伊府面，中国古老的方便面

放眼望去，锅里的面呈淡黄色，似莲花座般，静卧汤中，口感有点像膨化食品，酥软香糯，入口即化，但又比膨化食品筋道；海参、鱿鱼、虾仁、青菜的配头不仅让锅里的颜色亮丽，还令汤汁浓而不腻，清而鲜美。

飘着传说的味道

位于郑州市紫荆山附近的郑州烤鸭总店里，有一款名叫"三鲜伊府面"（又名"什锦砂锅伊府面"）的特色面食，颇受老郑州人的推崇。

放眼望去，锅里的面呈淡黄色，似莲花座般，静卧汤中，口感有点像膨化食品，酥软香糯，入口即化，但又比膨化食品筋道；海参、鱿鱼、虾仁、青菜的配头不仅让锅里的颜色亮丽，还令汤汁浓而不腻，清而鲜美。

三鲜伊府面

三鲜伊府面是老郑州的一道特色面食，曾被誉为郑州的四大名吃（烩面、焖饼、蒸饺、伊府面）之一。1954年，为了适应郑州大规模经济建设的需要，郑州市合作总社在郑州市区先后开设八家国营饭店，其中，在二七路开设了"第八食堂"（长春饭店的前身），伊府面就诞生在长春饭店，并成为长春饭店的招牌小吃。

研发三鲜伊府面的厨师是长春饭店当时年仅30多岁的郑立明师傅（已故），曾获郑州市拉龙须面第三名、红案烹调第一名，是郑州市技术能手。郑立明在技术上善钻研，不仅擅长制作传统豫菜，还旁通川菜、陕西菜，他还特别喜欢挖掘、整理典故菜肴和传统风味小吃。他研发的司马怀府鸡、杜甫茅屋鸡、什锦砂锅伊府面、龙虎面等，都曾在当时饮食界引起较大轰动，特别是他在传统豫菜"冰糖肘子"的基础上创新的"杞忧烘皮肘"，更是驰名。

"杞忧烘皮肘"的菜名取自"杞人忧天"的典故。郑立明在制作烘皮肘的过程中，又加入了枸杞果、冰糖、黑豆、大枣、银耳、莲子等配料一起烹制，使得这道菜品香而不腻、魅而不娇，有种软糯适口的甜美，也有种踏雪寻梅的清爽，再加上典故的嵌入，使得这道菜品一出，即成为郑州烹饪界的美谈。

三鲜伊府面（什锦砂锅伊府面）也来自一段山东掌故。

伊府面，清代即有，且是一道名气极大的面食。据传是清朝乾隆年间进士伊秉绶的山东家厨所创制。伊秉绶虽然是福建人，却特别爱吃北方的面条。在贵州做官时，他的山东家厨对面条制作的传统方式进行了改进，在面粉中掺入鸡蛋，和面制成手工面，并煮熟、沥干、油炸后，备用，吃时放入高汤中煨软，然后再加上各种精细的浇料制成。来伊府做客的人吃了这种面无不为之倾倒，"伊府面"的名称就这样传开了。

郑立明根据这段掌故，又做了一些改良，用鸡蛋和面，做成面条后，先把面条煮熟，再过冷水、沥干，油炸后，备用；吃面时，用熬好的鸡肉老汤煮面，出锅前再加入海参、虾仁、鱿鱼丝、青菜、猴头菇等已经制熟备用的配料做浇头。由于最后是用砂锅装盘盛面的，因此，长春饭店的这道面食就有了两个菜名：什锦砂锅伊府面、三鲜伊府面。

由于三鲜伊府面一经推出便极受食客的欢迎，后来，长春饭店小吃部还专门推出了专卖窗口。

世界上最早的"方便面"，1500 年前就已出现

说起来，伊府面的制作方式与现在流行的方便面制作有异曲同工之妙，食用非常方便，堪称现代方便面的"老祖宗"。

现代方便面，据说是日清食品公司的创始人、日籍华裔安藤百福所创。自 1958 年 8 月 25 日，安藤百福销售了全球第一袋方便面后，方便面以其快捷、保存时间长等特点迅速打开日本国内市场。后来，日清公司又逐步推出调料单独包装的方便面，并于 1971 年增加了杯装方便面。

20 世纪 70 年代，当日本国内方便面消费出现增长停顿后，日清食品公司又开始向海外市场扩展。如今，中国已成为世界方便面产销第一大国。

安藤百福 1910 年出生并成长于中国台湾省，原名吴百福，当时伊府面在台湾叫"伊面"，也正是由于这段背景，据传，安藤百福当初"发明"方便面是受到了"伊府面"的启发。但这位"方便面之父"也许并不知道，中国其实早在 1500 多年前就已经出现"方便"面品了。

历史学博士、长期从事敦煌学以及丝绸之路饮食文化研究学者、甘肃敦煌学会副会长高启安教授认为，北魏时期出现的"棋子面"是一种状如棋子、蒸熟以备不时之需的水煮食用的方便食品。唐、宋、元、明各代多作为军食，其烹熟方式也衍生出炒、油煎等，后世又作为幼儿方便食品。近代的"棋子面"，则多了一种擀切为菱形的面片。

"棋子面"最早出现于北魏贾思勰所著的《齐民要术》中，又名切面粥、棊子面（棊，异体字。"棊子"即"棋子"）。从《齐民要术》所记载的条文中可以看出，棋子面显然也是一种方便食品：把制作好的类似棋子的方形面片蒸熟、沥干、收贮，用时，用开水煮软，浇肉汁（或浇头）食用。最后，还特别强调："须即汤煮，别作臛浇，坚而不泥。冬天一作得十日。"

到了宋代，棋子面在食肆中较为流行，品种也更为丰富：三鲜棋子、虾臊棋子、虾鱼棋子、丝鸡棋子、七宝棋子、旋索粉玉棋子、炒羊细物料棋子、百花棋子等，"皆精细"。虽然品种多样，其实棋子面相同，只是所浇的料物（古称臛，现今称浇头、臊子或卤子）不同而已。宋人食肆售卖棋子面，应该是事先准备好、有客来时及时下锅煮熟，再配以浇头。这种方便、快捷的棋子面在宋代也常被家庭用来做招待来客的食物。

宋人朱弁所著的《曲洧旧闻·卷三》还记录了范仲淹的一次家宴中因为一道棋子面引出的一件趣事："范氏自文正公贵，以清苦俭约著于世，子孙皆守其家法也。忠宣正拜后，尝留晁美叔同匕箸。美叔退谓人曰：'丞相变家风矣。'问之，对曰：'盐豉棋子而上有肉两簇，岂非变家风乎？'人莫不大笑。"

宋代，不仅棋子面盛行，一种与现代方便面的加工、品相都极为接近的方便面品"盘兔"也是比较流行的市井饮食之一，孟元老在《东京梦华录》中把它列为冬月饮食之首。当时，州桥夜市、京师酒肆，皆有售卖，这道面品是把兔肉切丝烹制好后，配以萝卜丝、葱白丝等，浇到煮熟、沥干后炸成鸟巢形的细面条上。

值得注意的是："盘兔"里用的面条，与棋子面相比，又多了一个油炸的步骤，是煮熟、沥干、油炸后再储存备用的，与现代方便面的加工、品相更为相似。

元代，饮膳太医忽思慧把"盘兔"称为"奇珍异馔"并载入《饮膳正要》，"盘兔"由此成为元代的宫廷食品。至明代，宰相刘基又将"盘兔"收入《多能鄙事》的烹饪法中，仍在各地流传食用。

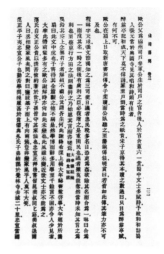

《曲洧旧闻·卷三》中记录了范仲淹一次家宴中，因为一道"方便面"引出的一件趣事

一碗"方便面"经历三个朝代，流行数百年而不倒，这不仅是中国烹饪史上的一道奇观，在世界烹饪史上也是不多见的。

明代宋诩在《宋氏养生部·卷二·面食制》中收录的"索面"也是一种类似方便面的食品：用面调盐水为小剂，沃之以油，缠之于架，而渐移架，孔垂长细缕。先用水煮去盐，复以前制廍汤沦之，暴燥渐用。

并且，原文还提到了搭配这种索面的四种"廍汤"，即浇头，有用肥猪肉切丝，水煮，加酱、醋、椒、葱白、缩砂仁调和而成的肉丝味的；有用煮鸡和鹅的浓汤，加胡椒、花椒、酱油、葱白、醋调和而成，鸡肉、鹅肉切成丝条，可盖面条上的鸡鸭味的；还有用品鸭蛋做原料的鸭蛋味的，以及用螃蟹做原料的螃蟹味的，品种、味道之丰富，直教今天的我们馋得口水与眼泪齐飞！

郑州名"馍"，你吃过几个？

锅盔、油酥火烧、菜蟒、菜馍、大雁馍、花馍馍，郑州的这些名"馍"，你吃过吗？

"馍"由"饼"演变而来

与吴语区把有馅无馅的馍馍统称"馒头"的习惯不同，河南、陕西、山西、甘肃等北方地区习惯把用小麦面粉发酵做成的面食称之为"馍""馍馍"。有时也称不发酵的面食为"馍"，比如烙馍。

郑州人所说的馍，实际上是蒸、炸、炕、烙等面食的总称。用小麦粉制作的白面馒头、包子、花卷等称为白馍；用杂粮面粉制作的窝窝头等称为黑馍；还有大如炒锅盖的锅盔，小如手掌的火烧、烧饼，厚的约有一寸，薄的好似蝉翼，有甜的、咸的、荤的、素的，花样繁多；用鏊子或平底锅烙制成的饼类面食称为烙馍、烙饼；用油炸制的面食称为油馍、油饼、油条等；用烘炉或平底锅制作的带馅料的面食称为炕馍。

郑州地处我国中部,土地肥沃,气候温和,适宜多种农作物生长。据考证,远在新石器时代早期,这里就有了原始的农业,是我国最早最集中的农耕地区之一。

郑州的粮食作物以小麦、稻米、玉米、薯类、豆类为主,是全国播种面积较大、产量较高的地区之一。这样一个以农业经济为主体的地区,也就形成了以面食为主的具有明显地域特征和农耕文化特征的饮食习俗。

馍是由饼演变而来的。在我国古代,各种面食都被统称为饼,上笼蒸的叫"蒸饼",用火烤的叫"炉饼""烧饼",放水中煮的叫"汤饼"。随着历史的发展,面食制作技术的提高,饼的概念逐渐解体,饼又分出馒头、馍、包子、面条、烧饼、糕饼等,且根据原料和制作方法的不同,馍又分为白馍、杂面馍、菜馍、油饼、火烧、烙馍、锅盔等。

馍的功能

"饼为北人日用所必需,无人不知做法……其蒸食之法有七。以发面蒸之,曰蒸馍,俗呼馒头。以油润面糁以姜米、椒盐作盘旋之形,曰油榻。以发面实蔬菜其中蒸之,曰包子……亦呼馒头。以生面捻饼,置豆粉上,以碗推其边使薄,实以发菜、蔬笋,撮合蒸之曰捎美。生面,以滚水汤之,扦圆片,一两寸大,实以蔬菜折合蒸之，曰汤面饺。以发面抨薄涂以油，反复折叠，以手匀按，愈按愈薄，约四五寸大，蒸热，切去四边，拆开卷菜食之，曰薄饼。以汤面抨薄以姜盐，涂以香油，卷而蒸之，曰汤面卷。"

上文，摘自清代薛宝辰所撰《素食说略》。油榻即今日郑州人所说的油卷、咸卷；捎美，即烧卖；汤面饺，即烫面角（饺）；薄饼，即今日郑州人卷烤鸭吃的蒸饼；汤面卷，即烫面卷。从《素食说略》中可以看出，如今，郑州地区面食的蒸制之法延续、保留的还是中国北方地区传统面食的制作方法。其中，"以发面蒸之，曰蒸馍"的白面馍，是郑州的一种全民化馍品，除了家庭蒸，大街小巷的菜店、超市，以及各社区门口都有售卖。

馍，过去还一度充当"花儿馍"的人设：男子聘妇，喜饼、布帛以外，必有花儿馍数十枚。举行婚礼当天，"亲朋各送贺仪，女亲送蒸馍、面食或猪羊肉不等"。

馍还用来串亲访友。正月里，女儿要给父母送年馍，姥姥要给外孙、外孙女回枣山（馍）、枣花馍；出嫁的姑娘为父母送面雁（馍）；六月麦收后舅舅给外甥送面羊（馍）；老人去世时，姑娘要送面猪、面羊、面鸟馍等。

随着社会的发展，如今，馍的这些颇具仪式感的功能已经渐渐弱化。

开花馍、黄窝窝和新郑糖馍

小麦面粉经充分发酵后加入适量白糖，饧到一定程度后下剂、成形、蒸制，蒸熟后的开花馍馍皮裂开，馍肉向外翻卷，酷似盛开的花朵，故称"开花馍"，又因它又白又细，似白银一般，口感暄甜，食后令人惬意，因此又名为"白银如意"。

开花馍，是河南省传统十大面点之一。因开花馍寓意喜庆，所以，开花馍还常被作为节日食品和宴席点心食用。每当开宴前，将开花馍摆入盘中，在每个馍的开花顶部撒上一撮绵白糖，吃起来更是别有一番情趣和滋味。

开花馍历史悠久，可以追溯到魏晋时期。《初学记》中就曾记载当时的贵族如何吃蒸饼："蒸饼上不作十字不食。"五胡乱华时的石虎"好食蒸饼，常以干枣、胡核瓤为心，蒸之使拆裂，方食"（王学泰《中国饮食文化史》）。"作十字"也就是"拆裂"，这种裂开的蒸饼类似今天的开花馍，是利用发面中因有异物在蒸制时受热不均匀而胀裂的原理。

新郑有种烤制而成的糖馍，至今已有 200 多年的历史。此馍以金黄色为佳，出炉时表面焦酥，用手一捏，就成碎末，故又名"一捏酥"。每个重二两，正面粘满芝麻仁，有甜、咸两种。由于糖馍久放不干，不走味，不生虫，因此清代各地客商和进京赶考的举子，路经新郑，都要捎上一些糖馍作为干粮。

用粗粮蒸的馍，郑州人称为杂面馍、黑馍，也叫窝窝头。最有名的和极具地方风味的黑馍有秫面窝窝、红薯小窝头以及新郑的玉米面枣窝窝等。

玉米面掺点小麦面或豆面做成的窝窝头，金黄透亮，老百姓称为黄窝窝或"黄金塔"。新郑人喜欢将大枣揉在玉米面里做成枣窝窝，如放了糖一般，甘甜松酥。还可以用柿饼代替大枣，吃起来同样香甜可口。

杠子馍、菜蟒和菜馍

与普通蒸馍不同，杠子馍是用木杠压挤代替人工手揉的，因而蒸出的馍色白皮光亮，味道醇正。这种馍用开水一泡，暄如蛋糕，用汤勺一压即成糊状，酷似牛乳加糖，可代替牛奶喂小孩，故又称"牛奶馍"。

还有一种馍叫"菜蟒"，也叫卷膜、懒龙的，是一道河南的经典面食，简单易学，馅料可以自由搭配，但最为经典的就是由韭菜、鸡蛋和粉条搭配组合的素三鲜馅。它是将面粉加水揉匀，擀成一张大圆片，上摊韭菜等馅料，从一边卷起，不用刀切，盘放在笼上，蒸熟后形如蟒蛇，用刀切成方块食用。此馍面、馅不分，馍菜一块吃，故咸淡适中，香美无比。

菜馍，也叫塌菜馍，有点类似韭菜盒子，也有点像是发酵版或者烫面版的"菜蟒"，菜馅很丰富，韭菜、菠菜、苋菜、荆芥、虾皮等皆可入馅，再把入馅成形的菜馍滑入平底锅中，两面煎至金黄色即可出锅。菜馍的口感酥软，味道香浓，营养丰富。因此，老郑州人常说："一个菜馍，一碗鸡蛋汤，稀的干的全都有，健康营养又美味。"

喝羊肉汤的标配：锅盔

喝羊肉汤，一定要配锅盔。因为普通的馍和烧饼遇汤容易发散，所以，郑州老城区的老字号汤馆一般都带卖锅盔。

锅盔，清代也叫"锅规"，是用慢火烙制的大饼，最初是在锅内烙制，因其形状似锅，反转过来又像是武士戴的头盔，所以叫锅盔；后来改用平底锅烙，状似葵盘，故又称"锅葵"。锅盔一般直径尺许，厚一寸，重5斤，整体圆形，大如锅盖，成品外表黄白相间，内瓤起层，入口细嚼，又软又酥韧，甘美之间还能品出一股浓郁的麦香味。

好的锅盔一是要用上等好面；二是面要揉得到位，这样做出的锅盔才能入汤不松散，有嚼头；三是火候要掌握得好，熟得透而不煳不焦。

锅盔，亦称锅葵、锅规

在锅盔界，又有发酵面锅盔、油酥锅盔和烫面锅盔之分。

发酵面的锅盔是用发酵面和干面反复盘揉，做成盾牌形状后上锅炕，待两面凝结后，把数个锅盔叠立起来放在锅内，不加水，用文火蒸烤至熟。这种锅盔，中部突起，通身白色，用刀切开颜色好像生面一样，但吃起来筋香柔韧，香甜宜口，丝毫没有夹生的感觉。敲之嘭嘭作响，如石如铁，耐嚼耐饥，放置半月不坏不干，是极具代表性的河南面食之一，堪称烤馍中的一绝。

油酥锅盔又称油酥，是将烫面与冷面团糅合后擀成皮，内包油酥面和椒盐、大料面儿制成饼胚后，经烙烤而成。成品色泽金黄，层次分明，表面油亮，吃时切成小块，外酥里嫩，咸香可口。

烫面锅盔是用开水烫面，提酵，无矾，无碱，接面二至三次，上杠压软，再用手反复搓揉，达到光滑油亮，色如雪团，做成圆饼或半圆饼，靠锅边粘贴，武火烧成一面焦黄一面暄白即成。具有外焦里软、回味香甜、久放不霉不坏的特点。

油酥火烧

油酥火烧又名油酥馍、馅儿火烧，相传始于明代，距今已有400多年的历史。它以面粉为主料，掺和猪油、香油、葱花、食盐等佐料，于铁鏊上烙制后，再贴入炭火烧热的瓦缸灶膛内烧制而成。其制作工艺独特，操作方法古老，除油酥火烧外还有带馅火烧、油酥鸡蛋火烧等品种，风味别具一格。成品外形椭圆，细丝盘绕，色泽鲜艳，外部焦酥，内部松软，酥脆甜香，十分可口。

油馍头

油馍头是介于油饼、油条之间的一种油炸食品，是郑州各大早点铺最常见且独具郑州特色的早餐食品之一。

油馍头别名面托，也叫老鸹头，没有标准形状，有的长成圆胖脸，看起来更像是油饼头儿；有的则是瘦长条形状，看着像是缩小版的小油条，油馍头虽然个子小，可吃起来却醇美香浓。网友总结油馍头的两大吃法是：油馍头蘸胡辣汤、豆腐脑，或者两掺（豆腐脑与胡辣汤混搭，郑州人称之为"两掺"）；油馍头蘸豆沫。还有一些吃法可以称之为"其他"：热油馍头蘸豆浆、烧饼加油馍头、油馍头配甜汤……而油馍头蘸胡辣汤，被誉为"绝配"。

别看油馍头小，实操起来也是一门技术活儿。油馍头是采用软面炸制的，无论是面糊的软硬、炸制用具以及操作方法，都独具一格。首先，把精盐和食用碱用温水溶解后，下入面粉，和成软面团，再用双手蘸水掂起面糊反复摔打，待面糊气泡光滑掂起不粘盆时，再稍饧一会。然后，油锅架火上，添入食用油，待油温升至60℃时，两只手各执一根筷子，将面糊挑起来，两只手轻轻一抖一伸，慢慢拉伸至一定长度，下入油锅炸制，见油馍头上面白面糊变色，再翻个儿两次，即可出锅食用。

油馍头成品颜色呈柿黄色，皮酥内软，醇香味美，且适合跟胡辣汤等咸汤搭配，因此，成为许多郑州人的首选早点。

像花儿一样的馍

随着时代的更迭，馍用来祭祀、走亲访友的颇具仪式感的功能已经越来越弱化了，但在荥阳汜水镇，馍的部分传统功能却依旧还在延续着。

孩子的满月宴后，姥姥要给外孙添置一个捏成老虎形状、身上有老虎纹的老虎花馍，既是对孩子满月宴的重视，也包含着对孩子未来的祝福。

孩子满月宴后第二天，双方亲家开始互送"老虎"。如果是女孩，孩子的奶奶带着孩子给姥姥送老虎馍，一般是3斤一个，共两个，这叫送"娘娘"；姥姥再回赠大一点的，4斤或5斤一个，当然都是成对的。如果是男孩，则是姥姥去孩子的家里接，去的时候拿小点的老虎馍，比如两个3斤的，这叫"叫官"。随后，奶奶去姥姥家接孩子时，会带一对4斤或5斤的老虎馍。总之是先去的一方拿小的，后去的一方拿大的。

在有的地方，做老虎馍时，会配搭着再做四个虎蛋馍，或者一个1斤的小老虎馍。虎蛋馍，是一种椭圆形的馍，馍尖上点个红点。

婚宴或者孩子的满月席上，主家还要回赠给亲家12个花馍作为回礼。

老人过寿，家人、亲朋好友则要给老人送桃子形状的寿桃馍，

看到荥阳汜水镇"红运蒸馍店"的花馍，是不是瞬间就理解了花馍为什么被称为"指尖上的艺术"

或者是尖上点了红点的有喜庆色彩的大花馍。

但花馍用得最多、最为隆重的是"白事"（即丧事）。无论贫富，每家白事上的主角一定是"大馍"：在每个重达 3 至 5 斤的大白馍上，还要插上 15 个用面粉捏制成形、色彩缤纷的花儿、鸟儿，每组 5 个，共 3 组。每逢白事，出嫁的女儿要送"油糕"两个以及捏制成猪和羊的花馍各一个，当地人俗称"猪羊油糕"。油糕是一种类似于油卷的馍馍，制作时要将每一层面胚都刷上一层食用油，并均匀地撒上一层盐。油糕和猪羊花馍的重量越大越好，一般情况下，单个油糕的重量为 10 斤或者 20 斤，单个猪羊花馍均为 10 斤。

花馍，又叫面花、面塑，它起源于中国民间祭祀活动中用面塑动物代替宰杀牛羊等动物的习俗。"有馍就有事，有事就有馍。"

在数千年的传承演变中，花馍已经形成了节日花馍、婚嫁花馍、寿诞花馍、丧葬花馍、上梁花馍、乔迁花馍等较为完整的花馍体系，且造型生动、夸张，制作精巧细腻，兼具食用、观赏、礼仪三大功能，不仅被注入了丰富的民俗文化内涵，还形成了独特的搓、团、捻、擀、剪、切、扎、按、捏、卷等技艺，用的工具除了擀杖，还有剪刀、筷子、梳子、竹签等，已经具备了独特的艺术风格和完整的创作体系。同时，由于制作花馍的整个过程需要全手工操作，因此，花馍被誉为"指尖上的艺术""舌尖上的美食"。

"有馍就有事，有事就有馍。"花馍，是中国人注重礼仪、注重仪式感的一个小小的缩影。虽然随着人们生活节奏的加快，花馍那颇具仪式感的功能已经弱化，但其在汜水镇留存至今，却恰恰证明了中国传统民俗的生命力。

"有馍就有事，有事就有馍。"花馍，是中国人注重礼仪、注重仪式感的一个小小的缩影

面里乾坤

郑州人爱吃面条，几天不吃急得慌。

烩面、拉面、茄汁面、板面、饸饹面、浆面条、芝麻叶面条、糊涂面、卤面、炒面、焖面、炝锅面、烂扁食，还有用荆芥、煎蛋皮、黄瓜丝、蒜汁、香油等配制的浇头凉拌的手擀面，那味儿，能让离家的游子想起来就泪流满面。

郑州的"面"

说如今的郑州城是日新月异，一点都不为过。作为河南省的省会城市，全国重要的铁路、航空、电力、邮政、电信主枢纽城市，中国唯一一个国家级航空港经济综合实验区，国家中心城市——郑州，不仅融聚了越来越多的市场资源、经济实力，也以开放、包容的胸怀不断地吸纳、整合着不同的饮食业态和饮食气象，成为河南饮食特色最集中的城市。其中，郑州的面就颇具代表性。

荆芥才是捞面条的灵魂

郑州人吃捞面，首选的还是手擀面。

将面粉、水调和成软面团，手揉至面团稍韧后，将面团平放于案板上，用手压平，撒上适量的面粉，用擀面杖向面团四周推擀，擀成厚面片后，再把擀面杖卷入面片中，撒上一层薄薄的面粉，继续推擀面片数次，直至将其擀成大而薄的面片为止。最后，将擀好的面片叠放，用刀切成细条状，手擀面就成了。想吃汤面，下面时，锅内加入肉汤，可以让汤面的味道更加醇香。入锅后的面，则在筋道中透着松软。最妙的是，面虽在碗内放置五六分钟了，但捞起来居然不黏口，依旧外滑内韧，口感极佳。

捞面的灵魂是卤，也就是"浇头"。夏季，用煎蛋皮、姜末、蒜汁、葱花、香油凉拌；冬季，用鸡丝、瘦肉丝或鸡蛋做卤热吃，根据时令、节气不同，郑州人会做出各种不同的卤汁来。比如，"辣汁蒸虾黄"，食材是新鲜的小龙虾。把虾头里的虾黄挑出，配酸辣汁蒸出后就成了捞面卤，醇香美味，开胃开怀，下饭最地道。一碗面，看似很简单，但由于有了不同的"浇头"搭配，使得这碗面变得简约却不简单了。

番茄炒鸡蛋是捞面卤中最不会出错、也最简单易做的。而根据加入的佐料不同，番茄炒鸡蛋的浇头又可以分为"多糖派""少糖派""无糖派"与"放盐派"；根据口味不同，还可以分为"干锅派"与"喝汤派"。

不管是哪个派，每年夏季，都会有一番灵魂拷问：不加荆芥的捞面条还有灵魂吗？是的，到了夏季，作为捞面的灵魂，没有谁能替代荆芥。一根黄瓜、一把荆芥、几瓣蒜、一勺盐、几滴香油、几滴醋，就能整出一碗惊天地泣鬼神的热搜捞面来。

黄瓜拌荆芥、荆芥拌木耳、荆芥拌油条、荆芥鸡蛋煎饼，既清爽，又含着一丝原野的悠远清香之气；番茄鸡蛋卤、番茄鸡蛋汤做好出锅时，撒上一层荆芥叶，既提升了面条的品相，又开胃消食，除去了夏季的暑热之气。

早年夏日，劳作之后，河南人喜欢在树荫、庭院中，将煮好的面条用井水或凉开水过一到两遍，然后加荆芥、黄瓜丝、蒜汁、芝麻酱等凉拌，是相当清爽、利口的一道夏日美味。饭毕，河南人还喜欢再喝半碗温热的面条汤，有原汤化原食之说，这是因为此时喝温热的面条汤，有暖胃防积之效，此乃饮食的中和之道吧。

中医认为，荆芥味辛，归肺、肝经。《食疗本草》载，荆芥"助脾胃"。《日华子本草》载：荆芥"利五脏，消食下气，醒酒。作菜生熟食并煎茶，治头风并汗出；豉汁煎治暴伤寒"。《本草纲目》则认为，荆芥"散风热，清头目，利咽喉，消疮肿"。

荆芥，既好吃，又有一定的食疗作用，实在是菜中极品。但很多吃荆芥长大的河南人并不知道，荆芥其实也是河南的特产之一。

一家网站对荆芥的产地是这样介绍的："全国大部分地区有产，主产江苏、江西、湖北、河北等地。"这话显然不准确。因为前段时间，一位江苏的朋友在郑州小住几日，一次吃到荆芥，当即问我:"这是什么东西?我在江苏从没吃到过这种食物,真的很好吃!"临走,这位迷上荆芥的仁兄不仅向我索要了不少荆芥,还特意跑到农科院附近的种子店买了一包荆芥籽带回江苏,并叮嘱我,如若试种成功,让我再多寄几包荆芥籽给他。他说,因为这个荆芥,从此他便忘不了河南了。

《舌尖上的中国》为什么会让大家看得口水与泪水齐飞?我个人觉得其中最重要的一个原因是突出了地域美食文化。他乡的那么多美食都是我等外乡人所没尝过、没听过的,怎么会不对那个地方产生奇特的向往之情?如此看来,荆芥还真是个好吃食。

糊涂面

郑州不少家庭和饭店都做糊涂面,它是很有河南特色的一道面食。

糊涂面的具体做法是:先把玉米面放入锅内微炒发出香味后再添水(或者添进用猪骨、牛骨、鸡骨等熬制的高汤)下入面条,搅匀烧开,出锅时再加上青菜、粉条、碎花生、豆腐丝、黄豆、腐竹、青菜、胡萝卜丝等配料,不仅令面的味道更加鲜香,也使面中的内容和情趣更丰富了。

南瓜糊汤面是糊涂面中的一道绝品。汤汁是用蒸熟的老南瓜打成泥,又炒香之后制成的,颜色黄黄的、亮亮的;面是手擀面,薄薄的、滑滑的。品一口,面在滑软中透着手擀面的筋道,那汤汁绵柔、香醇，滑得"恰似一江春水向东流"。

很多郑州人好一口杂面条、芝麻叶面条的香。杂面就是小麦面掺入绿豆面或者其他杂粮面擀成的面条，而杂面条内放上一些红薯叶或芝麻叶，就是芝麻叶面条了。味道与糊涂面属于一类，都是浓香型的，是那种"迟日江山丽，春风花草香"般的令人惊艳。

浆面条

酸爽利口的粉浆面条主要流行于郑州、洛阳、焦作、安阳等地，不过粉浆因有豌豆浆和绿豆浆，还有做豆腐时产生的黄豆浆、做粉条剩下的红薯粉浆之分，因此口感略有不同。

各地浆面条的制作工艺也各不相同，有单做浆卤，面条煮好后浇浆卤的，也有在做好浆汤后随锅下面条煮制而成的。

浆面条据说起源于河南洛阳新安县。据传在明朝正德年间，该县一个姓史的人开了个饭店，生意兴隆。有一年小麦歉收，豌豆丰收，饭店天天卖豌豆面饭，一时生意萧条。一天，京城一位钦差大臣带随从路过此店吃饭，店主因无上等米菜下锅急得团团转。后来看到盆里磨碎的豌豆和桌上的面条时，便用椒叶、藿香等作佐料，用豌豆浆作汤下入面条，做了一锅豌豆浆面条。钦差大臣吃后十分满意。

此后店主便新增了浆面条这一品种，小店生意又兴旺起来，从此，浆面条便成了河南的一道名吃。

经过数百年的改良，如今郑州等地的粉浆面条的制作方法是非常考究的。首先是粉浆，因为粉浆的好坏，直接决定整个小吃的味道。做浆时，先把绿豆或豌豆用水浸泡，膨胀后放在石磨上磨成粗浆，用纱布过滤去渣，然后放在盆中或罐里。一两天后，浆水发酵变酸，粉浆就做好了。做时把酸浆倒在锅里煮至浆水的表层泛起一层白沫时，用勺子轻轻打浆，浆沫消失后，浆体就变得细腻光滑，接着再下面条、芹菜叶以及其他调料即可。

出锅后的粉浆面条清爽利口、酸香绵长，夏季食用，尤其开胃生津。

卤　面

卤面可以算是焖面，吃法跟捞面稍有近似，需要拌卤而食，只是面条需要蒸。北京、天津等地也有卤面，称为打卤面，是将面条在水中煮熟后，捞到碗内，浇上用肉、蛋、菜烹制的卤汁，实际上相当于河南的捞面条。

卤面最早叫作路面。传说1000多年前，因为到白马寺顶礼膜拜者日日数千人，于是，这一带的饮食便红火起来。其中，有一道口感松香、绵软，人到即可食的面最受香客们欢迎，因其在路边设摊叫卖，故被人称为"路面"，后改称为"卤面"。

卤面算是包括郑州在内的河南各地最为普及的一道面食。蒸卤面一定要用新鲜的湿面条，且面条越细越好。先把面条用油拌

卤面

匀（也可以省却这一步骤），置笼屉上蒸至半熟后晾凉待用；将黄豆芽或者蒜薹、豆角、芹菜等应季蔬菜掺五花肉爆炒，兑入酱油焖熟，称为卤汁；待卤汁稍凉，将面条与卤汁搅拌均匀，上笼再蒸十分钟即可。看似简单，但炒卤汁与拌面是个技术活儿：汁太多，蒸好的卤面往往黏软成团；汁太少，面则太硬，且淡而无味。拌面讲究均匀，均匀到夹起一筷子卤面，面里要有菜，菜里要有面。因为只有拌到这种程度的卤面才能根根入味，口感绵软，品相也好。

饸饹面、和乐面

河南虽是我国小麦的主产区之一，但由于1949年前的河南水、旱、蝗等自然灾害严重，使得大多数老百姓当时只能以高粱、玉米、谷子、红薯、豆类等易于生长的粗粮为主食。为了调节单调的日常饮食，河南人想出许多粗粮细吃的办法，其中最为典型的就是饸饹面及蝌蚪面。

蝌蚪面原料多为红薯面，亦可用玉米面、高粱面等其他粗粮，又称"漏鱼儿""蝌蚪饭"，是用玉米面经漏勺滴漏后做成的椭圆形、有头有尾，酷似河中之蝌蚪的面疙瘩，之后浇上蒜汁、香醋、小磨香油、辣椒等调料调匀食之，清爽利口，盛夏食用，最为适宜。还可将蝌蚪面放入炒锅中配以荤素菜肴煎炒食之或配汤烩食，别具风味。

饸饹是用红薯面、荞麦面、玉米面、高粱面等杂粮面做成的面条，以平顶山郏县饸饹面最为著名。近几年，在郑州颇为流行。

饸饹面是先以荞麦面或者小麦面粉在饸饹床上轧出圆形条状面食，煮熟后配以用老锅汤、新鲜羊肉及八角、茴香、胡椒等十余味佐料熬制而成的汤，再佐以用羊油熬制而成的辣椒，味道鲜美且有暖胃祛寒之功效。

新密有道名吃"和乐面"，做法虽与饸饹面近似，但无论口感还是味道却又与饸饹面不同。

釉白色的青花瓷碗中，红色的汤、白色的面、绿色的香菜、红色的羊肉块等点缀其中，色泽鲜亮，品相极佳，有"蕙花香也，雪晴池馆如画"的意思。

和乐面的汤是用鲜羊肉、山羊脊骨经数小时熬制而成的，浓白飘香，浇上羊油，汤汁顿时红亮了起来；那面滑、香、绵、弹；而那羊肉是经反复浸泡后下锅，撇出血沫，放入花椒、八角、胡椒、

新密和乐面

肉桂、当归、党参、枸杞、草果、香叶、砂仁、白芷等多种香料煮烂,再用羊油调制而成的,所以,那羊肉鲜香嫩滑,入口即化。

由于和乐面在新密本土受到吃货力挺,2019 年,和乐面荣获新密市餐饮与住宿行业协会与媒体共同颁发的"新密十大名吃"荣誉。

茄汁面

在郑州的很多路段,都有"阿利"茄汁面的店面,且生意都很好。

红的汤,白的面,汤汁有点浓稠,再加上青菜、黄豆芽、香菇,白色的大碗里嵌着红、黄、白、绿多种颜色，煞是清爽可爱。细品，汤里那浓浓的番茄的味道中竟还有点高汤的鲜香；面很筋道，香滑有力。在面的鲜香之中有汤的酸美，在汤的浓郁之中有面的清香。

别看就是碗用番茄煮的面，做起来可是不一般呀。关键一：每天都要用新鲜的番茄熬制成酱；关键二：要按照时间和面、醒面、揉面。那汤也是很有讲究的，得把用猪骨（牛骨）、鸡架等熬成的高汤按一定的比例和着番茄酱放入锅内一起煮。

绝大部分的茄汁面店内一般都配有一种吃食：麻辣鸡翅。其肉质比较香嫩，初品，不辣也不怎么麻，可再品第二口，这肉在香嫩之中就有微微的麻辣了，但不是很刺激的那种麻辣，而是香麻、香辣，香得过瘾。

炒红薯面条

红薯面条作为红薯的一种衍生吃法，在郑州荥阳流传已久。

尤其是在"红薯汤，红薯馍，离了红薯不能活"的年代里，为了能把单一的红薯吃出花样，荥阳人在研发的道路上可谓"前赴后继"，红薯馍馍、红薯面条、红薯疙瘩、红薯干、红薯粉条、红薯丸子，道道做法都是荥阳人长期奋斗的智慧结晶。"研发红薯美食"的这个过程，在物资匮乏的年代，既饱了口福，又为几乎没有娱乐的生活增添了几丝色彩。而炒红薯面条因配有葱、姜、蒜等配料，无论品相，还是口味，都更加瑰丽而丰富，因此受到人们的普遍欢迎。

将和好的红薯面揉成窝窝头，上笼蒸熟后，趁热将窝窝头放在饸饹床（也叫"河漏床"）中漏出的就是红薯面条。漏好的红薯面条既可以直接凉拌而食，也可以炒制而食。荥阳人讲究当天漏面当天吃，这样的面条才新鲜、口感好。

如今的荥阳炒红薯面条，内容增加了，制作方法也更加精细了。除传统的配料外，内容更多了，鸡蛋、韭菜、绿豆芽、肉末等皆能入菜。

别看红薯面条颜色有点黑黑的，但重在味道浓郁独特，有较为突出的红薯的香甜，再加上食用油、韭菜、鸡蛋、绿豆芽等配菜的渲染、烘托，舌尖上便有了种"一重山，两重山。山远天高烟水寒，相思枫叶丹"的味重情浓，一层又一层，并渐渐地在心中扩散、蔓延开来，也许这就是故乡的味道吧！所以，荥阳人说，一碗炒红薯面里，藏的都是满满的乡愁！

烂扁食

烂扁食，也叫扁食面，是把韭菜和面粉混合在一起，擀成面条或面片煮制而成的面食。

扁食是饺子的另一称呼，原指将肉或菜制成馅，用面皮包成似元宝的食品。而这烂扁食，说它是饺子又不是饺子，说它是面条，又有饺子的味道，故称扁食面。说到它的来历，还流传着这样一个故事：

过去，新媳妇过门，婆婆为了察看她的手艺，第一顿饭都让媳妇包扁食。相传有一个新媳妇在家是独生女，从小娇生惯养，从未下过厨房，更谈不上包扁食。有天婆婆让她包扁食，这可把她难坏了：韭菜切得太长，放到面皮里怎么也捏不住。眼看吃饭的时间快到了，这可咋办哩？情急之下，她把烂扁食和在一起，擀擀就下了锅。没料到，婆婆尝后大赞媳妇好手艺。从此，烂扁食就成了中原地区的名吃。

擀烂扁食时，先将韭菜洗净控水切成细末，加盐腌10分钟左右，杀杀水分。盆内打入一个鸡蛋，搅上劲，将面粉和韭菜放入盆内，和成面团。面粉和韭菜的比例要掌握好，韭菜太多，一擀面就会烂成一个大窟窿；韭菜太少，又没味道。擀面时要多加面粉，以防粘连，要比普通面条擀得稍厚些，切成条状的面条，或菱形状的面片。下面时锅内还可放些青菜、炒鸡蛋、黑木耳、西红柿、油炸花生米等，最后放入香油。

板　面

板面之所以能够在郑州"落户"，一是面好，二是臊子好。

所谓"板面"，就是把面按比例用食盐、水加以搅拌，和成面团。将面团反复揉搓，至筋道发亮后，制成直径半寸、长八寸的小面棒，再涂上香油，码在案子上，蒙上干净的湿毛巾待用。做板面时厨师在案子上排好三根小面棒，左手捏三个头儿，右手捏三个头儿，猛地举过头顶，用力摔在案子上。边摔、边拉，板面由此得名。三根小面棒，一般有二两重，在厨师手里，由短变长，由粗变细，板拉扯直后可达四丈有余，而且粗细均匀，油光发亮，触摸如丝绸，提起似瀑布，手扯有拉力。根据食客的喜爱，还可以做成圆形、空心形、荷叶边形等。

臊子要好。板面所用的臊子一般是以牛羊肉为原料，配以辣椒、面酱、食盐及茴香、胡椒、八角、桂皮等 20 多种作料炒制而成，香辣浓郁、色如玛瑙。这种臊子由于在烹制过程中肉中水分已经煎掉，所以保鲜期特长，一般不需冷藏可存放一年以上。

煮饼是面条鼻祖

面条的出现源于战国时期用麦子面粉制作的"饼"，是用水将面和在一起做出的食品，"饼，并也，溲面使合并也"（刘熙《释名》）。

"饼"字的出现最早见于《墨子·耕柱》。由于战国时期饼的花样、品种很少，还不能算是美食，所以墨子对鲁阳文君说，有个人有吃不完的牛羊肉，可还偷人家的饼吃（"见人之作饼，则还然窃之"）。墨子认为这种人如果不是患"窃疾"则不可理解。

饼出现以前，饭、粥是主食中的主食，饼出现之后，随着品种不断丰富，很快与饭、粥平分天下，形成北方主要食面、南方主要食米的食俗。

当时的饼有蒸饼、煮饼之分。蒸饼后来逐渐演变成馒头、胡饼、烧饼、点心等食品；煮饼，指在沸水中煮熟的饼，后称汤饼，就是今天的面条。不过，那时的煮饼、汤饼都类似于现在的面片儿。

由于煮饼、汤饼是当时大部分中国人粥、饭以外的主食之一，所以，汉时的宫廷中曾设"汤官"一职，职责就是"煮饼饵"。东汉著名政论家崔寔在《四民月令》中提醒百姓："距立秋，毋食煮饼与水溲饼（指过水面）。"一则，这两种饼都是没有发酵的死面制作的，难以消化；二则，过水面太凉，不宜秋后食用。

《世说新语·容止》则记载了这样一则小故事："何平叔（何晏）美姿仪，面至白。魏明帝疑其傅粉，正夏月，与热汤饼。既啖，大汗出，以朱衣自拭，色转皎然。"何晏不仅长得帅，皮肤也白，魏明帝就想借着一碗热汤面试探人家是不是脸上敷了粉。还好，何帅哥终究是天生丽质难自弃，才没出丑。

西晋学者、文学家束皙曾作《饼赋》篇，称"充虚解战，汤饼为最"，可见，汤饼当时在民间占据着相当重要的饮食地位。

南北朝时的汤饼分为煮饼、水溲饼（类似拉面）、水引馎饦饼（用肉汁和面制成的汤面条）等。唐之后，"汤饼"渐渐有了擀、搓、切、抻、捏、卷、模压、刀削等多种制作方法，并出现了用荤素菜做出的多种多样的浇头（卤汁），种类之多，难以计数。

北宋之后，随着政治中心、文化中心、烹饪中心南迁，很多名称、叫法都发生了改变，馎饦之名无人再叫，面条成为统称。

吃面条是为了"辟邪"？

学术界认为，汤饼的出现、流行，应该与节令风俗关系密切。

南朝梁宗懔《荆楚岁时记》云："（六月）伏日，并作汤饼，名为'辟恶饼'。"伏天暑湿内侵，易积湿邪，吃碗热汤饼发发汗，解表化湿，驱除邪热，也合医理。

北宋时，首都汴京以及周边城市盛行"二月二，龙抬头"时吃龙须面的习俗，有祈求风调雨顺和吉祥长寿之意。至今，开封、郑州的老城还有"头伏饺子二伏面，三伏烙饼摊鸡蛋"的食谚。豫东地区也有一句俗语"正月捞三捞，神鬼不敢瞧"，指的就是当地在正月初八、十八、二十八这三天吃捞面条的习俗。当地人认为这三天吃了捞面条，神灵就会保佑人们无灾无难一年平安。

因为面条细而长，所以唐朝时，中国人就有了庆祝生日要吃长寿面、生子满月要摆"汤面宴"，并把面条分送给邻居的习俗，祈愿长者吉祥长寿、小孩长命百岁。《新唐书》记载，王皇后失宠时曾埋怨唐玄宗："陛下独不念阿忠（王皇后）脱紫半臂（背心）易斗面，为生日汤饼邪？"唐代诗人刘禹锡在《送张盥赴举》一诗中这样描述当时的"满月"酒席场面："尔生始悬弧，我作坐上宾。引箸举汤饼，祝词天（添）麒麟。"

至今，郑州一些乡镇还有得子后摆"汤面宴"之风俗。不过，现在不叫"汤面宴"，改叫"喜面"，俗称"办九""做九""祝九"，一般放在孩子出生后的九天、十八天或二十七天。九天吃喜面叫头九面，二九吃喜面叫二九面，三九吃喜面叫满月面，因"九""久"谐音，求其长寿吉祥之意。由于得子之家"办九"时都要举行隆重的酒宴，"九""酒"谐音，因此，有的地方又把"办九"说成"办酒"。农村的"办酒"形式一般是"一家得子，全村吃面"。得子之家在院内支一口大锅煮面，不管大人小孩，都是自己动手，下锅捞面，吃多少，捞多少，有点"捞福"的意思。

从画像石中走出来的新密烧烤

盛夏未至，暮春时节，来新密吃夜市、烧烤的外地吃货们，就已经把新密的街心市井围堵得一幅"车马阗拥，不可驻足"状。而从打虎亭汉墓出土的画像石中可以看出，1800多年前，烧烤就已经成为新密的灵魂美食了。

"一日不见，如隔三秋"的千年旖旎

近几年，一直隐藏在新密民间的夜市和烧烤突然爆火。火到什么程度？往往盛夏未至，暮春时节，来新密吃夜市、烧烤的外地吃货们，就已经把新密的街心市井围堵得一幅"车马阗拥，不可驻足"状。很多郑州人也一改以前到开封吃夜市的习惯，把吃夜市的根据地又搬到了新密。

夜市上，除了麻辣小龙虾、烧虾尾、烤羊肉串等常规菜品和烤品外，烤面筋、烤香肠、烤五花肉、烤鱿鱼、烤香菇、烤辣椒、烤金针菇、烤鲍鱼串、烤生蚝、烤扇贝、烤羊排、烤鲈鱼、烤罗非鱼、烤板筋等烤品之丰盛，更是充分验证了吃货们的那句行话：只有你想不到的，没有不能烤的。

新密，一时成了郑州人尤其是郑州年轻人的美食打卡地。

在"全民皆烧烤，烧烤必新密"风潮的"裹挟"下，郑州市区的夜市也发生了严重的"内卷"：一些店面参考"郑喜旺烧烤""喜悦龙虾城"等新密夜市的知名品牌，纷纷把自家门头贴上了"N喜旺""N悦"等标签，用以聚拢人气、招揽食客。

对于新密美食的骤然爆红，相当一部分吃货认为是个偶然，包括新密人自己。其实，很多事情的发生都是有因果关系的，新密以及新密烧烤亦是如此。

夜市宠儿：烧虾尾

新密，位于郑州市西南部，距郑州中心城区 30 公里，位于伏羲山脚下、溱洧河畔，西周灭商之后是密国和郐国（郐，也作桧）所在地。后来郑国灭掉了郐国，并将原来的密国故城更名为新密邑。1994 年，新密撤县建市，属郑州市 16 个县市（区）之一。20 世纪 90 年代，经济繁荣发达的新密，一度有"小香港"之称。

有着这么悠久历史的新密，文化底蕴自然也丰厚至极。《诗经》中收录的"郑风""桧风"诗歌大部分诞生于此，而"一日不见如隔三秋"的典故亦是滥觞于此地。

"溱与洧，方涣涣兮。士与女，方秉蕑兮……"《诗经·郑风·溱洧》一诗，以比兴的手法，描写了当时青年男女在溱洧河畔踏青游玩的场景。

溱洧，是指西周时期郑国的两条河流，溱水、洧水。溱水发源于新密，洧水流经新密，两河在新密曲梁的交流寨汇合，溱洧，也由此成了新密的代称。翻开《诗经·郑风》，绝大部分是情诗，这虽同郑国有溱水、洧水便于男女游览聚会有关，也同郑国的风俗习惯密不可分。从《溱洧》一诗看，郑国的上巳节，很有可能成了青年男女谈情说爱的节日，是郑国保留着的男女自由交往的某些古代遗风的体现。

"男女亟聚会，声色生焉"不但是郑声繁盛的原因，同时也造就了《郑风》作品内容的基本风格。

"青青子衿，悠悠我心。纵我不往，子宁不嗣音？青青子佩，悠悠我思。纵我不往，子宁不来？挑兮达兮，在城阙兮。一日不见，如三月兮！"（《诗经·郑风·子衿》）

诞生于溱洧河畔的"一日不见，如三月兮"，"撩"尽了古今男女事，也为中国人画就了"一日不见如隔三秋"的千年旖旎。

1800多年前，烧烤已成为新密的灵魂美食

一首古诗，跨越千年。而同样在新密发现的打虎亭汉墓，也"撩"尽了新密的千年烧烤史。

位于新密市的打虎亭汉墓是两座东西并列的大型东汉墓，也是全国最大的汉墓之一，距今已有1800多年，是全国重点文物保护单位。其中，西为画像石墓，东为壁画墓。两座墓的墓室建筑形式和结构基本相同，都是用巨大的石块和大青砖砌而成，规模宏伟。墓壁保存有内容丰富、色彩绚丽的石刻画像和壁画。

西墓庞大，用砖石筑成，墓室内的石面上，大都雕刻有丰富多彩的石刻画像，因此也被称为"石刻画像墓"。其中，东耳室的东西进深3.2米、宽2.32米、券顶中心高3.06米，除了券顶石面上满刻卷云纹与各种异禽怪兽画像外，其四面石壁上的每壁中部都雕刻有一大幅与烹饪相关的场景图画。

东耳室内南壁的画像石被分为东西两幅。其中，东幅画像石画面分为上下两层。在画面下层，烤肉的场景被刻画得栩栩如生：画面西部有一人在带有双链的三足圆形炭火盆上烤肉，旁边还放有一个带链的四足长方形炭火盆，盆上放置两个敞口釜形器。东侧下部有两个厨师跪坐于木案和长方形炭火炉旁，案旁的一人盘

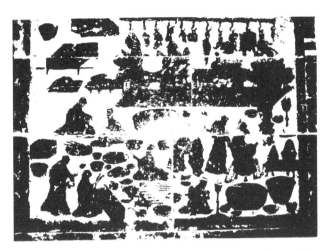

打虎亭汉墓中的画像石上，"烧烤"场景被刻画得栩栩如生

腿而坐，正在把要烤的肉向铁钎上穿插；炉旁跪坐的一人正手拿穿有肉的铁钎在炉上烧烤；其后站立一人，左手拿一把穿好肉的铁钎……整个烤肉过程雕刻得细腻生动。

打虎亭汉墓的墓主人是谁？至今未有定论。北魏时期地理学家郦道元在《水经注》中，认为打虎亭汉墓的墓主人是汉代的弘农太守张伯雅。《水经注·卷二十二》记载："洧水出河南密县西南马岭山……洧水东流，绥水会焉。水出方山绥溪，即《山海经》所谓浮戏之山也。东南流，径汉弘农太守张伯雅墓……"虽说郦道元所描述的张伯雅墓的地理位置和墓顶封土冢的情况，都和现今打虎亭汉墓的地理情况和墓顶封土冢完全相同，但由于年代久远，且没有更翔实的资料可以佐证，因此，打虎亭汉墓的墓主人身份至今是个谜。

但无论墓主人是谁，从出土的画像石中可以看出，烧烤在至少1800多年前的新密，以及当时的饮食社会中所占据的主流地位。

再追溯到西周，回到"溱洧"那首诗设定的剧情中：上巳节，青年男女扎堆踏青游玩，然后呢？想来，烧烤也应该是最受年轻人欢迎的一种户外聚餐形式了吧。

如此来看，烧烤也许早就已经是融入新密人骨子里的灵魂美食了。

夜市烧烤有什么？

新密的夜市烧烤，海鲜是主打，特色小吃是国民菜。

卷煎是什么？千万不要误会，卷煎不是煎饼，而是以红薯粉条为主食材的菜品，是新密的一道特色美食。它的外表看起来貌不惊人，颜色也不是很亮丽，不过，一旦你了解了这道菜的食材和做工，就会对它刮目相看了。

卷煎是分里外两层的，外表薄薄、黄黄的一层是用鸡蛋做的，里面的一层就复杂了：是把红薯粉条和猪肉用独家秘方，特制卤汤蒸、压在一起制成的，食材相当特别，工序相当烦琐，味道自然也就出类拔萃了。这样"卷"起来的卷煎，在新密夜市上，既可以烧烤，也可以凉拌，无论哪种吃法，都是一个字：香！香得忍不住就想吃第二口，香得有点"蓦然回首，那菜就在嘴唇底下"的感觉。

"拉着你的手，轻轻吻一口。掀起红盖头，深深吸一口。解开红肚兜，让你吃个够。"夜市上，怎么可能少了小龙虾？夏季的夜市上，无论哪家烧烤，最受欢迎的就是小龙虾了。于是，就诞生了这个吃龙虾"大法"。

那龙虾红而透亮，在葱、姜、蒜、辣椒等佐料的绿、白、黄颜色的映衬下，虾的红色更显清爽。拿起一个龙虾，深深吸一口虾汁，霎时，虾的嫩、料的香便在口中肆虐开来，齿颊含香。解开虾壳，肉是鲜嫩的，紧密有力，而汤汁的鲜、香、微辣与肉的细嫩相融，不仅去了虾的浮腥，还把虾肉特有的原香提炼了出来，虾的肥、嫩、鲜、甜与汤汁的麻、辣、香相交融，让人欲罢不能。

吃完小龙虾，把米饭泡进汤汁中，嘿，那种鲜香，别提有多过瘾了。

蛏子，爆炒居多，所以，在新密夜市上，遇到捞汁蛏子，千万别错过。夹一口捞汁蛏子，淡淡的海水的味道立刻就侵进味蕾，清新至极。由于蛏子肉是跟特制的海鲜汁杂裹在一起的，于是，那肉的鲜嫩、紧致与汁水的爽透糅合在一起，既有一股海洋的纯净，又有一股田园的浪漫与柔美徜徉在舌尖、味蕾，缠绕在口舌间的唯美让人才下眉头，却上心头。

夏季是吃豆的季节，尤其是毛豆，既可以配肉炒，还可以煮熟了做凉菜，不管做配菜，还是做主菜，都是香喷喷的，也因此，凭着一盘毛豆，往往就能 get 夜市聊天的技能。一边海阔凭鱼跃似的海聊，一边往嘴里塞着泛着原野香气的新鲜的毛豆，真真是夜市上最可爱的风景。

烤面筋是很多女生最爱。面筋，是郑州特有的美食品种，早在1000多年前的《齐民要术》里，就有中原人民制作面筋的智慧。明代《天工开物》，在《攻麦》中，还特意提道："南磨破麸得面百斤，北磨只得八十斤，故上面之值增十之二，然面筋、小粉皆从彼磨出，则衡数已足，得值更多焉。"意思是说：南方的磨由于把麸子一起磨碎，所以可以磨得一百斤面，北方的磨就只得八十斤上等面粉，所以上等面粉的价钱就要贵十分之二。但是从北方的磨里出来的麸皮还可以提取面筋和小粉，所以磨面的总体分量也是足够了，而得到的收益就更多了。

面筋有很多吃法，清代还有一道"响面筋"被收录在《养小录》中："面筋切条，压干，入猪油炸过，再入香油炸，笊（zhào）起，椒盐、酒拌。入齿有声，坚脆好吃。"大意是，把面筋切条，压干，用猪油炸过，再用香油炸。用竹篾把炸过的面筋捞起后，用椒盐、料酒等拌匀，吃起来酥脆可口。

新密夜市上的烤面筋是将面筋现烤后，加以孜然、辣椒等调料即成，吃起来鲜香可口、柔软魅惑……

美食、生活，就这么幸福地组合在了一起。

对家乡的热爱从古老的美食开始

汤是素汤，但随着丸子、红豆腐（新密方言，油炸过的豆腐）以及红辣子油（新密方言，红辣椒油）等的加入，也就立刻唤醒了沉睡中的素汤，于是，那汤瞬间变得有趣而生动了起来：汤中有丸子的张扬与魅惑，丸子中又浸润着清汤的清香与悠远……

新密古风

曾被誉为"小香港"的新密，由于经济发达，催生了当地饮食业的无限繁荣，在以豫菜为主的餐饮市场上，粤菜、川菜、湘菜、杭帮菜以及西餐在新密也都密集扎根，在如此众多的外来饮食业态裹挟中，新密人却表现出了惊人的智慧：一方面以包容、开放的心态选择性地接受，另一方面是在接受新鲜事物和坚持传统之间不断地适应、调整，并坚持、坚守自己的文化传统和消费习俗。

比如，新密对传统古语的保留之多，在郑州也属于独一份儿，蜜三刀、京枣、梅豆角等用小麦面粉制作的糕点，新密人始终坚守"果子"的称呼；贵客登门，主家冲一碗鸡蛋茶，这在新密，依旧是老传统，叫"吃茶"；一张大油饼切开分食，新密人管切开的油饼叫"油馍芽儿"；新密的老式油条呈窗户状，新密人习惯称呼"窗户棂油条"；没有油炸过的豆腐，叫"白豆腐"，油炸过的豆腐，新密人则称"红豆腐"；面疙瘩汤、面鱼儿，这些在郑州市区已经呈消亡式存在的家常小吃，在新密，不仅还在以餐厅的方式存在着，而且食客盈门，尤其是面鱼儿，赶在早餐点，偌大的一间店面里，你甚至都很难找到一个座位；同样是非物质文化遗产的美食，在相当一部分县市（区），呈现的是"有口碑没流量"、门可

窗户棂油条

罗雀的尴尬境地，而在新密，如果你赶在正餐点想去喝一碗非物质文化遗产的"丸子汤"，想找着一个座位，却相当困难；而卤肉、五香猪蹄、大隗牛肉，更是新密家家都离不了的美食情结。

对于家乡的热爱，新密人也许更多的是通过对本土美食的力挺来表达的。

超化凉粉儿的智慧

素有"新密小江南"之称的超化镇，曾因超化寺供奉着释迦牟尼真身舍利而名震一时。"超化"二字取自佛经中"超脱众品，化育众生"这两句的首字。

超化寺，始建于东汉桓帝初年（据《敦煌文献 P.2977 所见早期舍利塔考——兼论阿育王塔的原型》，《敦煌学辑刊》2010 年第 1 期），迄今已有近 2000 年的历史，曾为全国著名佛教寺院之一，唐代中期香火最盛时，寺内僧侣多达 2000 人。

超化寺西的超化寨，建于明代，三面环沟，地势险要，现存明清古民居百余间。郁郁葱葱的九里山，喷珠吐玉的金花泉，清澈见底的双洎河，曾令无数古代文人竞折腰。金代著名诗人元好问就曾把超化镇同七朝古都汴梁相提并论，并作诗曰："西风袅袅度僧窗，尽得诸山草木香。却恨汴梁三日醉，不来此地过重阳。"

超化吹歌，是一种十分古老的传统吹奏乐演奏形式，是国家级非物质文化遗产，被誉为宫廷音乐的活化石。超化吹歌，大约

用蒜汁、辣椒油等调拌而成的拌凉粉儿，清利爽口、鲜香美味

起源于商周时期，曲谱记录方式在世界上是独一无二的。明朝景泰年间，一位祖籍密县（今新密市）的翰林告老还乡后，前往超化寺参拜，将吹歌传授给僧人。清朝初年，又由超化寺的僧人传给当地百姓，从此流传民间。

超化镇的历史悠久，饮食也颇为独特，其中，尤以凉粉儿和古法豆腐脑最为著名。与其他地方的豆腐脑稍有不同的是，超化豆腐脑是要在豆腐脑中加入咸汤汁的同时，再加入红豆腐丝、面筋、葱花等佐料，品一口，嫩滑而鲜香，那味道确实有点"众里寻他千百度，蓦然回首，那人却在灯火阑珊处"的感觉，自成一格，耐人寻味。

超化凉粉儿，是当地的传统美食，以绿豆为主料，按比例加入白豆、扁豆，一起泡、磨，再几经搅拌等工序后过滤。过滤的第一层是粉浆，加工后可以用来做酸酸的粉浆面条，夏季食来尤为利口，还能杀菌止痒；过滤出来的第二层是黑色的粉，用这层粉制作出来的凉粉颜色较深，有人称之为"黑凉粉"，我们平素吃的炒凉粉用的基本就是这类凉粉；第三层，也就是最后一层则是白色的粉，这类粉最后就制成了白色的凉粉儿，加蒜汁、姜醋汁、辣椒油等调拌而食，爽滑弹糯，是夏季极受欢迎的凉拌小食。

你瞧，小小的一碗凉粉儿中蕴含着的都是劳动人民的生活智慧，简约不简单。

"十三花"席

超化镇黄固寺村及其周边村落，流传着这样一种传统民俗：无论婚丧嫁娶，还是满月、做寿等"红白事儿"，都要摆一场既经济实惠、又体面大方的乡村宴席——"十三花"席。

传统"十三花"席，由十二碗菜、一碗汤组成，整个席面不用盘、碟，而全部采用有花纹的青花大瓷碗来盛装，故称"十三花"席。

"十三花"席讲究有荤有素，有凉有热，有酸有辣、有甜有咸，有熬有蒸，口味各异。一般是由笼货（即笼上蒸的合碗之类）、砂锅熬菜等组成。现流行的菜式大致有：头道鸡、二道鱼、三道条子肉、四道排骨、五道丸子、六道八宝、七道焖子、八道方块肉、九道海带、十道炖豆芽、十一道炖豆腐白菜、十二道炖红豆腐粉条，另加鸡蛋汤（莲子百合汤）。

在当地老百姓的认知里，鸡和鱼，寓意吉祥如意、年年有余；条子肉，寓意风调雨顺；排骨，寓意排排场场；丸子，寓意圆圆满满；八宝饭，寓意八方进宝；蒸焖子（或卷煎），寓意金玉相生；炖海带，寓意健康长寿；炖黄豆芽，寓意节节向上；炖豆腐，寓意平安喜乐；鸡蛋汤、莲子百合汤，则寓意圆圆满满、百年好合。

"十三花"席面还可以依据各家经济情况、口味喜好的不同，酌情加减。有的家里条件稍微富裕一些或者主家更喜欢荤菜丰富一些的，就加土鸡子、鱼两道，熬菜减去两道；家境稍次或者喜欢素一点的，四道蒸菜就用"二道皮"（即一道条子肉、一道肘子肉），还可以只用"一道皮"，加一道带骨头的蒸货，如鸡块、骨头、丸子蒸碗等；也可把蒸货去一道，把熬菜多上一碗。无论怎样加减，都能把客人打发得酒足饭饱。有些人家，找一两个帮手，主家人亲自动手，也能弄成像模像样的"十三花"席。

"十三花"席的上菜、摆放也有讲究：成品菜肴要与汤同时端入桌。放菜时，先放荤菜，素菜外围，中间再放一碗鸡蛋汤。落座时，长者为上席，晚辈坐下席，吃菜时长者动筷子后，晚辈方能动筷。

"十三花"席扎根深厚的乡土文化土壤，是典型的带有农耕文明标签的民间宴席，既有浓浓的乡土人情，折射出乡村亲朋邻里间浓厚质朴的亲情、友谊，又在一桌小小的席面之上把中国人自古以来就重礼仪、重规矩的"礼仪之邦"的传统体现得淋漓尽致。

可以加方便面的丸子汤

郑州市区的丸子汤以肉的为主，但在市区以外的新郑、新密、巩义、荥阳等地，凡以丸子为主营的丸子汤馆却是以素的为主，充分体现了郑州"十里同乡不同俗"的饮食特点。而这其中，以新密老城桑家丸子汤最具代表性。

新密老城丸子汤制作技艺是郑州市非物质文化遗产代表性项目，是新密的标志性饮食之一，至今已有 300 多年的历史。丸子是用绿豆面粉加入豆腐末、萝卜丁，以及大茴、小茴、桂皮、良姜、香叶、豆蔻、花椒等料粉调和后，再油炸、晾干而成的，可以干吃，也可以做汤用。做丸子汤时，要先在一锅清水中放入姜片、盐，水烧开后，加入焦炸绿豆面丸子，再文火微煮十几分钟后，丸子汤即成。喜欢吃丸子泡馍的汤客，还可以泡入当地的特色面饼——玉米面饼，或者泡入方便面、豆腐等食用。

汤是素汤，但随着丸子、红豆腐以及红辣子油等的加入，也就立刻唤醒了沉睡中的素汤，于是，那汤瞬间变得有趣而生动了起来：汤中有丸子的张扬与魅惑，丸子中又浸润着清汤

老城丸子汤里，还可以加方便面

的清香与悠远……

老城丸子汤的灵魂是丸子，但一个小小的丸子能够成为一座城市数百年的代表性饮食，不经历一番风雨是绝对难以见到彩虹的。还是通过以下文字来感受下一个绿豆面丸子的诞生过程吧：以纯色小籽绿豆为料磨面，并细箩过二遍成细绿豆面粉；用文火把大茴、小茴、桂皮、良姜、香叶、豆蔻、花椒等香料炒熟后细磨成大料粉；在细绿豆面粉内按照10：3的比例加入三分白面粉，把切好的豆腐末、萝卜丁以及食盐、大料粉放入面粉内一起搅拌均匀，用手团成均匀的丸子蛋后，放入中等油温的油锅中，慢炸，待丸子发白后沥出，晾一下，再放入油锅，慢炸约10—15分钟，待丸子炸成金黄色后，捞出，沥干油，放入大容器中晾干，即成干丸子。由于丸子是用慢火分两次炸的，所以丸子出锅以后，呈金黄色，且皮、馅相连，具有劲道、耐嚼、耐煮，煮一两个小时都不会烂的特点。

老城丸子汤

　　看来没有谁能随随便便成功,从选料、磨面、炒料、下火、油温、掺料、下锅、成型等多个环节都有严格控制的一个小小的绿豆面丸子亦是如此。而一个小小的绿豆面丸子之所以能够传承 300 余年,除了口感外,也离不开中国人的生活智慧。

　　绿豆,是中国最古老的原始作物之一,既是豆类,也可算作谷类,亦是传统中药材之一。从目前能查到的文献来看,绿豆在中国至少有近 2000 年的栽培史了。之所以这么强调,是因为笔者无意中在互联网上看到"绿豆是北宋时引进的舶来品"的说法,便觉得很有必要正本溯源一下了。

　　事实上,最迟在北魏时期,绿豆就已经是中原一带被广泛种植的农作物了。《齐民要术》中记载:"凡古田,绿豆、小豆底为上……"这句话的意思是说种谷子的地,前茬是种过绿豆、小豆的地为最好。北宋时期,绿豆磨粉制成的绿豆制品盛行一时,其中,"元宵煮浮圆子"(周必大《平园续稿》)还被作为元宵节的饮食习俗保留了下来。《岁时杂记》对上元节食做过详细记录:"京人以绿豆粉为科斗羹,煮糯为丸,糖为醪,谓之圆子。"

　　绿豆,不仅可以做主食用,还是一味性甘、寒,归心、胃经,具有清热解毒、消暑、利水功效的中药。因此,每至夏季,绿豆羹汤便成为很多家庭的常备消暑利器。但绿豆又容易生虫,不易长期保存,于是,人们就把绿豆磨为细粉制成丸子、面条等食物存放起来,不仅可以充饥,还可以调剂一下口味,而这种原本无心之举的成果因为强大的实用功能被一代一代延续下来,进而成为我们今天的美食记忆,也成为我们中国人生活智慧的一个缩影。

闰月年的"雁礼"

在郑州市区，有这样一个习俗：闰月年，女儿要送自己父母一双新鞋，有祛邪消灾，让父母安然度过闰年之意。而在新密，闰月年，出嫁后的女儿要赶在闰月前，送给父母一对"大雁之礼"，还要送上红腰带，有保佑父母平安长寿之意。

女儿送的"雁礼"，是以大雁为形的蒸馍，蒸出的大雁礼馍3斤到10斤不等，新密人称"雁馍"。当地人认为，"闰"是一个恶鬼，专吃老年人，送红腰带和大雁就可以避灾。"吃吃雁肉，活到一千六；吃吃雁蛋，活到一万。"这些吉祥的祝福随着父母吃下"雁馍"，仪式感满满的"送雁"流程才算圆满。

为什么要以大雁驱邪呢？还是先从大雁的生活习性说起吧。大雁是候鸟，秋天南飞，春天北归，来去有时，知时守信。大雁重情重义：雌雄一配而终，不论是雌雁死或是雄雁亡，剩下落单的一只孤雁，到死也不会再找别的伴侣。一队雁阵当中，如果有不能够凭借自己的能力打食为生的老弱病残之辈，其余的壮年大雁，绝不会弃之不顾。

大雁行止有序：雁群在迁徙飞行时成行成列，领头的是强壮之雁，而幼及弱者追随其后，从不逾越。再加上在天空翱翔的大雁的身影美丽、高贵，令人仰止，因此，大雁作为守礼、守信、忠贞、高洁、仁义、志向高远的象征，被纳入文学作品和诸多生活礼仪中。比如，古代称呼信使为"鱼雁"；比如，寄托相思时，李清照说"云中谁寄锦书来，雁字回时，月满西楼"，晏殊则说"鸿雁在云鱼在水"。而元好问因感动于大雁的爱情写下的"问世间情是何物，直教生死相许"，成为千古绝句。

孔子拜会老子时，以大雁为礼；传统的婚俗中，也常以大雁为礼。曾经一度位居收视冠军的电视剧《知否，知否，应是绿肥红瘦》的开剧第一集，便是盛家六女盛明兰，为嫡长姊盛华兰赢回了"聘雁"。

新密闰月年送"雁馍"的习俗，已经被列入郑州市非物质文化遗产名录，据说在当地已流传千年了。明清时期，新密袁庄乡北横岭郭庄村用小麦面粉做成大雁形状的"雁礼"行业就已经远近闻名了。如今，土炕制作，柴火、大笼锅蒸制已经逐渐被现代化烤箱、模具替代，单一的白面雁也发展到了面包雁、糕点雁、蛋糕雁等，闰月年送雁馍习俗的技艺传承人已经在朝着集约化经营、公司化运作的现代型企业迈进，传统与现代，就这样在碰撞中交融、延续……

新密打虎亭汉墓中的这幅画像石上，描绘的场景究竟是"制豆腐"还是"酿酒"？虽然目前考古界尚未有定论，但是打虎亭汉墓的历史价值、艺术价值却是举世公认的

如"天街小雨润如酥"般的
大隗荷叶饼

剥开新密大隗荷叶饼的"外衣",顿时,白色的酥皮一层一层地"竞相开放",那情境,恰如含苞待放、洁白无瑕的荷花,高洁典雅。咬一口,那形似荷花瓣的饼皮细腻酥糯,再加上饴糖馅的甜香软滑,瞬间,竟赋予了它"天街小雨润如酥,草色遥看近却无"的意境……

糕点的诞生与节日习俗有关

其实,大多数糕饼点心的诞生、流行,是与中国人的节日习俗有关的。究其原因,一、因为"糕"与"高"谐音,有吉庆之寓意;二、糕饼点心是有形固体,便于在年节时携带;三、糕饼点心是中国历史最为悠久的食品之一,花样繁多,经历了众多节日的洗礼之后,渐渐成为人们生活中最为普遍的食物。

糕饼点心的前身，先秦两汉时被称作"糗饵粉糍"。《周礼·天官》记载："羞笾之实，糗饵粉糍。"汉代《西京杂记》记载："九月九日，佩茱萸、食蓬饵、饮菊华酒，令人长寿。"蓬饵，就是点心。此处所指的"蓬饵"是古代重阳节的标配点心，后世称为福禄糕、福禄饼。

唐代有饮茶之风，佐茶的糕点饼饵亦被称为"茶食"。《山堂肆考》中提到武则天花朝日令宫女采收百花制作花糕，分赐群臣；《宋稗类钞》载，唐御膳曾以红绫饼馅为重。红绫，大概是红菱的笔误，是以红菱花或者红菱果肉为馅的糕饼。唐昭宗时，还曾用红绫饼赐新科进士。

"点心"一词出自唐代，南宋吴曾的《能改斋漫录》记载："世俗例以早晨小吃为点心，自唐时已有此语。按，唐郑傪为江淮留后，家人备夫人晨馔，夫人顾其弟曰：'治妆未毕，我未及餐，尔且可点心。'其弟举瓯已罄，俄而女仆请饭库钥匙，备夫人点心……"这里的"点心"指量少质精的早餐，做法肯定要精妙得多。1966至1972年，在新疆吐鲁番阿斯塔那唐代墓葬内出土的花式点心，为我们提供了极其珍贵的实物资料。据考古专家研究，这些花式点心，均为小麦细白粉所制，馅料已难分辨，其形状为菊花和梅花两种，均直径为5—6厘米，厚度为1—1.5厘米。梅花形状的点心由五片花瓣组成，中有花蕊；菊花形状的点心边沿呈披针形，中间凹，有的中间作凸起的顶生状，还有的中央有花序，把这两种花卉刻画得栩栩如生，其制作工艺可谓相当精湛。当时，地处祖国西疆的吐鲁番尚且如此，内地自不待言，这些花式点心新颖别致，确为国内外所罕见的珍贵文物。

由于发酵技术的普及，到了北宋，果子、糕点的品种之丰富更是达到了一个巅峰。金银焦炙牡丹饼、梅花饼、荷叶饼、丹桂花糕、广寒糕等都曾是当时开封、郑州等地流行的市井糕点。咱们现在大江南北的主流点心：鲜花饼、麻团、云片糕、枣糕、花糕、糖糕、进士糕、状元饼、玫瑰饼、大京枣、绿豆糕、双麻饼、荷叶饼等，基本是在北宋那个时代就已经流行并延续到今天的。

有 200 余年历史的新密荷叶饼

大隗荷叶饼，因其饼皮酥香也被称作大隗荷叶酥饼，是新密大隗镇最负盛名的一道点心。据当地史料记载，大隗荷叶饼于1819 年（清代嘉庆末）兴盛流行于大隗镇，至今已有 200 余年的历史。

民国初年，大隗荷叶饼的发展达至巅峰。大隗镇村民吕斋在该镇开办了"松兰斋京广杂货店"，把重心放在了挖掘传统技艺荷叶饼的制作上，一时生意兴隆。后来，大隗镇西街的乡绅朱子明也开办了"蕙兰斋杂货店"，并不惜重金聘请糕饼名师，意与松兰斋竞争。这些名师在继承传统荷叶饼的制作技法上又不断创新，工艺更为精细，从熬制原料到包馅成饼、进炉烘烤，每道工序都严格掌握标准，使得大隗荷叶饼渐渐形成了形似荷叶，口感香而不腻，馅料稀而不淌的风格。

大隗荷叶饼

　　大隗历史悠久的造纸业，又促进了荷叶饼的旺销。当时每年到大隗镇购纸的外地客商云集，而这些客商离开大隗镇时，总要捎带一些特产回去，被当地人追捧的荷叶饼自然成为首选，故而，大隗荷叶饼也随之声名远扬。

　　1949 年后，特别是改革开放以后，大隗荷叶饼走上了规模发展之路，形成以国营的大隗食品厂、大隗镇供销社为主导，其他个体生产为辅助的一项产业。经过不断调整、改进生产工艺，大隗荷叶饼不仅品质越来越高，达到了“硬软适度馅不流，吃着拉丝正合口”的要求，产量也越来越大。1982 年，大隗荷叶饼被河南省供销系统评为“优质产品”；1986 年，被郑州市供销系统评为地方名优产品；2000 年以来，先后获得“河南中华老字号”、全国供销总社“千社产品”等荣誉。

大隗荷叶饼虽然售价不高，但制作工艺却极为烦琐。从熬制原料到包馅成饼、进炉烘烤，每道工序都要求非常严格。

首先，要用香油或者大豆油和面，和面的比例是：精粉面 10 斤，夏季用 1.1 斤，冬天则需 1.3 斤，小磨油 1 斤。

其次，对熬馅的火候也有讲究。选用蜂蜜、白糖、香油、饴糖（麦芽糖）等调料按照一定比例合在一起熬馅，熬出的馅色要呈黄中透红、晶莹明亮的质地，馅的口感要稀软而不淌。包馅时要谨记"一圆一压"的要领，否则，饼皮上容易出现如头发丝细的小孔，会使馅料流淌而出。

最后烘烤时要用炉堂上下左右都有火的专用烤炉，温度恰到好处，烘烤时注意上、下火保持一致。司炉者要密切观察火色，若上边火大，会使荷叶饼下边裂口；反之若下边火大，则会使荷叶饼上边裂口。火色过嫩，则饼皮不起酥层，过老饼皮又易失色变黄。

在没有添加保鲜剂的情况下，馅香、软、滑，皮酥、薄、糯的大隗荷叶饼，一般常温存放一个月左右还能保持色香味如初。

刚出炉还带着温热的大隗荷叶饼是很多人的最爱，那尚带着温度的饼皮犹如薄纸般入口即化；呈着琥珀色的饴糖馅，在稀软滑口中还裹挟着蜂蜜的质感，甜蜜而又温暖。

蜂蜜和饴糖，是中国原生且传统的用来制作甜食点心的主要调料。如今，在郑州，很多老作坊、很多传统糕点甚至菜肴的制作工艺中依然在使用蜂蜜和饴糖。

蜂蜜在古代又称"石蜜""土蜜""木蜜""岩蜜"等，是根据野生蜂的蜂房建立在石岩、土穴、林木里而分别命名的。我国有文字记载的用蜂蜜调味的历史，最迟可以追溯到周代，《周礼》中就有晚辈侍奉长辈，"枣栗饴蜜以甘之"的记述。《楚辞·招魂》中亦提到以蜜制作的糕饼——"蜜饵"，说明至迟在先秦时期蜂蜜已经在面点制作中普及了。

蜂蜜是自然状态的，饴则是人工制造的。"饴"即饴糖、麦芽糖，又称"饧"等，俗称"糖稀"，是用米、大麦、小麦、粟或玉蜀黍等粮食经发酵糖化制成的糖类食品，是中国人的一项伟大发明、劳动人民智慧的结晶，至今在食品加工中还发挥着无可替代的作用。

妈妈的"甜汤"

"甜汤"入口柔绵、甜美，而汤中的面穗儿（方言，丝薄片状）经过一搅、一醒、一调后，口感更是在柔美中透着丝韧性，恰如回环入妙、缠绵婉曲的诗歌，入心入脾。

甜汤、妈妈、家乡

都说南方人热爱汤汤水水，尤其是广东人对煲汤的热爱简直成了北方人教育孩子喝汤的范本。但其实，深处中原腹地的郑州人对于汤水的执念并不亚于南方人。

早上一碗家常面汤，此为"甜汤"；想喝"咸汤"，早点铺里来一碗豆沫或者胡辣汤；想喝羊肉汤，就到顺河路、商城遗址一带转悠转悠，要上一碗羊肉汤、一块儿锅盔，这早饭吃得，走了十里路打个饱嗝还能回味出羊汤的鲜美来。

午饭，人们一般喝的是咸汤，随便一把荆芥或者几根香菜，就能让一锅普通的鸡蛋汤有了不寻常的潋滟风情。晚上回家，随着一碗小米粥或者玉米糁的落胃，一天的奔波、紧绷、疲累也就渐渐消散。回家，真好！

那"甜汤"并不是放了糖的汤，而是不加盐的白面汤。半碗小麦面粉加水适量，用筷子搅成一个稀软的大面团，然后放置在一旁醒10—30分钟，碗中加适量的水再把面团调为稠面糊，等锅中的清水烧开后，把稠面糊一点一点地搅拌入锅，以不成面疙瘩的面穗儿（方言，丝薄片状）状为佳，待面汤滚开后，再小火焖煮一二十分钟，"甜汤"即成。打开锅盖，一股淡淡的面香气随即散溢而来，顿时，一室清香。

"甜汤"入口柔绵、甜美，而汤中的面穗儿经过一搅、一醒、一调后，口感更是在柔美中透着丝韧性，恰如回环入妙、缠绵婉曲的诗歌，入心入脾。

"甜汤"既要黏，稠度还要适中，否则不是"泄"就是"糊"。讲究的人家做"甜汤"时，对搅面碗是有严格要求的，要"一光二净"。意思是筷子挑起稀软的面团时，碗中不能沾面，要光亮洁净，最后把碗中的稠面糊全部下入汤锅后，面碗中也不能留有面团痕迹。看似要求的是面碗中的光洁度，其实要求的更是制作面穗儿的技巧。瞧，看似一碗不起眼的"甜汤"，技术含量可是不低呢。

小时候，"甜汤"似乎就是妈妈。饿了有"甜汤"喝，肚子疼、腹泻了，妈妈也会搅上一碗"甜汤"给孩子们喝，有时候还会加上两勺红糖，这样一碗微烫的、甜糯的"甜汤"下肚，肚子往往就会神奇地好了起来。而看着孩子们把碗舔干净，妈妈的皱纹里都会带着甜美、温暖的笑。

"甜汤"很家常，可是最家常的也最容易被忽略，包括妈妈的爱。直到长大了，离开了家乡，离开了妈妈，才发现，越是儿时最简单易得的东西反而越是难以得到。就好像那碗"甜汤"，当你离开了家乡、离开了妈妈后，还有谁会为你做这样一碗简约不简单的面汤呢？

原来，那碗"甜汤"是妈妈，那碗"甜汤"也是家乡啊！

汤、粥原本都是羹

郑州人说的汤，范围较广，是把汤、粥在内的半流质的汤羹统称为"汤"。

如果把不加盐的汤都称作"甜汤"的话，郑州人的家常"甜汤"一般有白粥（大米粥）、玉米糁儿粥、红薯（山药、南瓜）粥、大麦粥、绿豆汤（粥）、小米汤（粥）、疙瘩汤、面片儿汤、八宝粥、江米甜酒等。

如今，为了适应上班族的节奏，郑州出现了"早餐车"。早餐车上，有主食、有羹汤。主食是包子、鸡蛋等，羹汤则是豆浆、八宝粥、大麦粥、玉米糁儿粥、小米粥、绿豆汤、红豆汤等，上班族在写字楼下买一杯热粥、一个热包子，又开启了一天的紧张工作。

清代李渔曾说："宁可食无馔，不可饭无汤。"郑州民间也有

面疙瘩汤

"闲吃湿，忙吃干；早晚喝，晌午吃"的说法，生动概括了郑州的饮食结构。

郑州人好汤，即便是吃饺子、捞面条这类的干饭，郑州人吃完也会再喝碗饺子汤或者煮面条的汤，还美其名曰"原汤化原食"。

郑州人为什么这么好汤呢？一则，可能跟先秦以来中原人形成的饮食习俗有关；二则，可能跟养生有关。

郑州，襟黄淮而带汜水，控中岳而引宋都，自古兵家必争之地，近代商战逐鹿热土。

郑州，华夏文明的重要发祥地，国家历史文化名城、国家重点支持的六个大遗址片区之一。5000 年前，中华人文始祖轩辕黄帝在此出生并建都；3600 年前，中国第二个奴隶制王朝商朝在此建都，"商都"也从此成为郑州的别名。

西周灭殷、周平王东迁，此后千年，郑州作为中国封建王朝的重要都邑，宋代的四辅郡之一，始终处于重要的政治、文化地位，也因此，这片土地上的饮食习俗，至今还保留着一些古风、古韵。比如，周代有一个饭桌上的礼仪"勿絮羹"，意思是在宴席上，不要随意在自己的羹里添加调料，那样会使主人认为自己做的羹不适合客人的口味而难堪，是一种失礼行为。"絮羹"的"絮"字，至今，郑州人仍在用，不过范围更广，招待客人时，茶水不够，要"絮茶"；宴席上，客人喝完了汤，主家还要"絮汤"。还有，北宋时期，有了"饮食果子"的称谓，至今，郑州人仍沿用此称呼，把小麦面粉做成的点心统称为"果子"。

"汤"亦如是。

今日说的汤，原本称羹，陶器时代就有，是中国最古老的菜肴之一。太古时代，五味还没进入烹饪领域，人们吃的羹汤，只能是清水煮制而成。后来随着烹饪技术的发展，制羹才逐渐复杂起来。制羹是煮肉（或菜）熬汁，做好后可加调料，故后人也称制羹为调羹。

羹在先秦两汉时期的饮食地位非常重要。按照周代的礼仪制度，大夫、士与宾客行燕食之礼时，"食（指饭，主食）居人之左，羹居人之右"。当时的主食是饭，贵族官人经常食用的是脍、炙、脯以及煮、炮出的肉食，大多淡而无味，故一般人吃饭不能没有羹。

即便吃不起肉的穷苦人家吃饭时也要有羹。汉《乐府诗集》中的《十五从军征》描写了一位年少从戎，"八十始得归"的老军人回到家中后，家里破败得"中庭生旅谷，井上生旅葵"，于是，他"舂谷持作饭，采葵持作羹"。

既然吃饭要配羹，那么，哪样羹跟哪样饭搭配更合适呢？《礼记》也做了"指导"：雉鸡宜于麦饭搭配、脯羹宜于搭配细米饭，犬羹、兔羹要加糁。这些搭配法则都是从实际生活中总结出来的经验，除了从食物的性质出发加以考虑外，还有一个适口及个人喜好的问题。

汉以后，随着森严等级制度的渐渐解体，生产技术的发展，烹饪形式、烹饪技术等的提高，人们制作的菜肴花样越来越多，羹的形式也渐渐发生了变化，开始"羹、粥、汤"连用、合流。[①]

"粥色白如凝脂，米粒有类青玉。"这是《齐民要术》中所提到的一种用麦芽糖、杏仁汁，再加入穬麦米煮成的饴糖杏仁麦粥，当时叫"醴酪""杏酪粥"，原是寒食节产物，但因"麦粥自可御暑"，因此成为中原地区的家常粥品，习俗相沿，至今犹然。

"三日入厨下，洗手作羹汤。未谙姑食性，先遣小姑尝。"唐代，河南籍诗人王建这首著名的《新嫁娘词》通过新嫁娘第一次做羹

---

① 中国学术界对羹和汤（汤菜）的关系，大致有两种看法。第一种是：汤（汤菜）羹联系紧密，有时两者就是一物。徐海荣主编《中国饮食史》卷二"汤羹"云："汤在西周称为羹，羹是汤的古音……重读则为汤。不过，西周的羹一般来说比现在的汤更浓一些。"第二种是：汤（汤菜）由羹转化而来，但何时转化，如何转化，说法多种，分歧较大。王力先生认为，唐代，羹和汤已经几乎合流了，他在《古代汉语》1964年版，下册第二分册《常用词》（十三）云："羹，上古时代的一种肉食。牛肉、羊肉、猪肉都可以做羹……按，上古的羹，一般是带汁的肉，而不是汤。到了中古以后，口羹和汤就差不多了。王建《新嫁娘词》：'三日入厨下，洗手作羹汤。'"但扬州大学邱庞同先生在《中国汤类菜肴源流考述》认为：先秦时，羹中有汤；唐宋时，羹向汤（菜）转化，羹、汤的合流则在元明清时期大体完成。

汤的事情，既形象地描摹了一位新嫁娘巧思慧心的情态，也无意中记录下了当时中原的饮食风俗。

宋代，"汤"不仅已经自立门户，而且是官府公宴的重要菜品之一。

宋代官府公宴的完整过程，分三个程序：饮酒、饮茶、饮汤，而饮宴唱词，一般也有酒词、茶词、汤词三部曲。其中，酒词是前筵所歌，茶词与汤词是后筵所歌。

汤词是在送汤程序所唱的歌词的专称，又称作送汤曲、送汤词。酒、茶、汤诸程序的完备，便着意在礼数的周全。送汤是饮宴的最后一道程序，这一程序的举行，不仅显出"情重"（黄庭坚《定风波》"主人情重更留汤"），且最能见出主人礼仪的周全、礼尽，黄庭坚的《好事近·汤词》中的"主礼到君须尽"及葛胜仲《鹧鸪天·送汤词》的"加笾礼尽客还家"，都着重强调了主人"礼"数之"尽"。[①]

而从宋元明清时期的历史文献可知：诸如绿豆粥、小米粥（粟米粥）、山药粥、莲子粥、腊八粥、鲤鱼汤、鲫鱼汤、羊肉汤、羊杂汤、菌汤等粥品羹汤类，制法、口味等跟今日郑州主流汤（粥）品已经无有二致了。也可以说，今日郑州流行的相当一部分汤品是宋时遗风。且，当时诸市酒楼，汤品之多，超出今人想象："凡下酒羹汤，任意索唤，虽十客各欲一味，亦自不妨。"

特别值得一提的是，在北宋时期的开封一带，曾流行一道市

---

① 刘学忠. 宋代汤词研究 [J]. 阜阳师范学院学报（社会科学版），2006 (6).

井饮食羹汤：宋嫂鱼羹。靖康之难后，随着大宋政权南迁杭州，宋嫂鱼羹南迁至杭州，历经千年，如今，依然风华绝代、魅力不减，是杭帮菜中的传统经典菜品。

人随着脚步的行进，把吃的、用的，以及理念、思想也带到了与他脚步并行的地域。而口舌间的那点儿微妙变化，无意间记录了人类的那段迁徙交流史。

汤羹里的养生智慧

一碗汤、一杯羹、一勺粥，传递的不仅是历史，还有中国人的养生智慧。

汤，性温和，宜养生。自古，中国人就把汤羹粥列为养生一类。比如《齐民要术》中提到的"杏酪粥"，因"麦粥自可御暑"，因此成为中原地区长期以来的家常粥品。比如当归生姜羊肉汤，早在东汉，就被张仲景作为药方载入《金匮要略》中，适用于血虚生寒、经脉失养引起的腹痛引及胸胁、并有拘急之症。而在张仲景所著的《伤寒杂病论》《金匮要略》中，相当一部分中药方剂是要借助一碗米粥或者一碗汤更能助其药力发挥的。比如，附子粳米汤、大建中汤、桂枝汤等。

用桂枝汤方时，仲景谓："服已须臾，啜（喝）热稀粥一升（注：东汉计量单位与今不同，彼时 1 升相当于今日之 200 毫升）余，以助药力。"为什么要喝热稀粥来助药力？因为桂枝汤这张方子，

杏仁豆腐羹

养正力大，发汗力弱。要想发汗就要配合热稀粥，喝热稀粥意义
有两个：一个是借谷气来补充汗源，一个是借热能（热粥的热能）
来鼓舞胃阳。喝完热粥后，整个肚子暖暖和和的，胃阳得到鼓舞，
既养胃，又可以振奋胃阳，增强身体跟疾病的对抗能力。

再如开头所说的"甜汤"，用的是纯小麦面粉所做。小麦性味
甘、微寒、无毒，有养心神、敛虚汗、治心慌、益胃生津等功效，
对于因食生冷引起的腹痛、腹泻，以及受寒引起的胃痛，都有很
好的收敛、缓解作用。因此，孩子们腹泻时，老人们往往会做上
一碗"甜汤"给孩子服用。而在现代医学的诊疗手段中，"甜汤"
也经常被使用。比如刚做过剖腹产的产妇，在解除禁食之后的第
一顿"饭"，就是"甜汤"一碗。

宋代，也正是因为羹汤的养生作用，所以很多"汤词"中，

词人们都将汤视作仙药，将送汤情境比作仙境，使汤词蕴含着比较浓郁的仙趣。如曹冠《朝中措·汤》："更阑月影转瑶台。歌舞下香阶。洞府眠云缥缈，主宾清兴徘徊。汤斟崖蜜，香浮瑞露，风味方回。投辖高情无厌，抱琴明日重来。"此词中的"瑶台""洞府""崖蜜""瑞露"都是一种仙境仙剂。毛滂《浣溪纱·汤词》的"仙草已添君胜爽"、王安中《小重山·汤词》的"仙方调绛雪"、吕本中《西江月·汤词》的"却嫌仙剂点甘辛"等，都透出浓浓的仙趣。[①]

汤，是礼，是中原人代代相传的饮食习俗；汤，又蕴含了如此高深的养生文化。如此，也就不难理解郑州人为什么有这么深入骨髓的好汤情结了。

---

① 刘学忠. 宋代汤词研究 [J]. 阜阳师范学院学报（社会科学版），2006 (6).

假如饺子有朋友圈

假如饺子有朋友圈，估计他每发一条动态，就会赢得点赞无数。毕竟，饺子的亲戚实在太多了，除了直系的蒸饺、煎饺、锅贴、水煎包等，还有菜角、烫面角等这些"外戚"。这还不包括亲戚以外的林林总总的丛生派系。

回家的饺子，离家的面

说饺子是中国最有喜感的食物，恐怕不会有太多异议。无论是在北方，还是在南方，饺子不是和团圆有关，就是出现在团圆、喜庆的路上。

在郑州，不管是游子回家，还是冬至，抑或是除夕的团圆宴，都离不了饺子。大年夜的，不吃顿饺子怎么能算是"过年"呢？

饺子象征团圆、吉庆，所以，很多郑州人至今还把包饺子谓之"捏福"，且有"回家的饺子，离家的面"的说法。回家了，意味着团圆了，当然要吃饺子庆祝；离家前吃碗面，则是祈愿出门在外平安、顺利的意思。

饺子是特别"高龄"的中国传统食品之一，从出生那天起就颇具传奇色彩。在河南的民间传说中，老百姓把饺子的发明归功于东汉时期的医圣张仲景。

话说张仲景从长沙退休返乡之时，正赶上寒风刺骨、雪花纷飞时节。在家乡的白河边上，张仲景看到很多无家可归的人衣不遮体，耳朵都被冻烂了。于是，张仲景回到家，叫弟子在南阳东关的一块空地上搭起医棚，架起大锅，在冬至那天开张，为穷人舍药治伤。

张仲景施舍的这剂药叫"祛寒娇耳汤"，做法是用羊肉、辣椒和一些祛寒药材在锅里熬煮，煮好后再把这些东西捞出来切碎，用面皮包成耳朵状的"娇耳"，下锅煮熟后分给乞药的病人。病人吃下"祛寒娇耳汤"后浑身发热，血液通畅，两耳变暖。吃了一段时间后，烂耳朵就好了。

但这也许只是民间对张仲景他老人家的一种怀念方式。因为这个故事里有个很大的漏洞，就是辣椒。辣椒被引用到中国人的饮食当中来至少是在明朝（也有说是清朝道光以后）以后的事儿了，差了1000余年呢。如果把辣椒改成胡椒，这个故事的可信度还稍高些。

饺子是特别"高龄"的中国传统食品之一。不过，饺子与馄饨最早乃是一物。

饺子出生于何时何地，具体已不可考，但在南北朝时期已成为"天下通食"。南北朝时期的学者颜之推说:"今之馄饨,形如偃月,天下通食也。"这偃月形的馄饨即是饺子,只因食于除夕子夜时分,故有"交子"名,再后来就统一称作水饺、饺子了。

唐代韦巨源《烧尾宴食单》中,饺子开始与节气对应,出现了"生进二十四气馄饨",它们"花形馅料各异,凡二十四种","意在与二十四节气相配"。南宋,冬至不仅要吃饺子,还要拿饺子供奉先人,而且比较隆重,甚至一次有上百种口味的饺子。《武林旧事》说冬至时"享先则以馄饨,有'冬馄饨……'之谚。贵家求奇,一器凡十余色,谓之'百味馄饨'"。

饺子还被称为扁食、饽饽。宋元时期话本《快嘴李翠莲记》中李翠莲在夸耀自己的烹饪手艺时曾说:"烧卖、匾(扁)食有何难,三汤两割我也会。"这里的"扁食"即为饺子。至今,北方不少地区还把饺子称为"扁食"。清代《乡言解颐》"水饺"条谓当时京师(北京)"除夕包水饺,谓之煮饽饽"。

这个条目也说明,至少在清代,馄饨在官方的通用名称中,已经更名为水饺了。

为什么过年要吃"馄饨"(也就是饺子)?一是因为古代的饺子形如元宝("形如偃月"),人们在春节吃饺子取"招财进宝"之意;二是饺子有馅,便于人们把各种吉祥的东西包到馅里,以寄托人们对新的一年的祈望;三是,除夕晚上子时吃饺子,取"更岁交子"之意(古代"子"有钱的含义),有喜庆团圆和吉祥如意的意思。

至今,郑州地区大部分家庭都还保留着一种习俗:在除夕夜的这顿饺子中，包几个内有钱币或者其他特别之物的饺子，谁吃到就预示着他来年必定一帆风顺、万事顺心。祝福不在嘴上，而是让你吃下去，记一辈子，顺心一辈子，这是中国人最实在、最憨厚的一种祝福方式，这种祝福方式也赋予了饺子天赋异禀的喜感。

可以"逐鹿中原"的百年蒸饺

假如饺子有朋友圈，估计他每发一条动态，就会赢得点赞无数。毕竟，饺子的亲戚实在太多了，除了直系的蒸饺、煎饺、锅贴、水煎包等，还有菜角、烫面角等这些"外戚"。这还不包括亲戚以外的林林总总的丛生派系。

上笼蒸熟的叫蒸饺；放在平底锅中煎熟的叫煎饺；用发面或烫面包的"大饺子"，入油锅中炸制而成的叫"菜角"，菜角皮焦菜嫩，十分好吃，郑州不少家庭都有端午节炸菜角的习惯；小麦面粉用开水烫熟，然后包馅上笼蒸熟的饺子称为"烫面饺"，也叫"烫面角"。其中，郑州"老三记"（蔡记蒸饺、合记烩面、葛记焖饼）之一的蔡记蒸饺是郑州"名饺"，有着悠久的历史，也是郑州为数不多的百年老店之一。

1908 年，清政府下文批准郑州为商埠，加之京汉、陇海两大铁路干线在郑州的交会，南北、东西贯通，为火车开埠后的郑州发展注入了新兴产业的巨大动力，使郑州的商业逐渐繁荣兴旺。

蔡记蒸饺

郑州迅速产生了以铁路工人为主体的产业工人和以郑州车站为中心的商业区，全国各地的商人信奉着"火车一响，黄金万两"的理念，纷纷拥入郑州建商号、办工厂、开饭店。当时，仅火车站周围的两三条马路上，就有四五十家饭店，最大的"华安饭店"高达五层。大同路更是先后出现了"鑫开饭店""华阳春""豫顺楼""新春楼""法国饭店""老半斋"等当时在省内外都极有名气的历史名店。

"京都老蔡记"蒸饺的创始人蔡士俊，系河南长垣人，早年在北京皇宫为厨。1911年辛亥革命爆发，满清王朝被推翻后，蔡士俊经几位朋友帮助在北京前门外开了一间小饭店，创制了蒸饺和馄饨配套经营，生意还算红火。1919年，为避军阀混战，蔡士俊携家带口，取道开封来到郑州。他见郑州商埠初开，人气旺盛，遂在郑州西二街路东找了个铺面重操旧业。起初，店名定为"京都蔡记老馄饨馆"，1927年，正式更名为"京都老蔡记馄饨馆"。蔡士俊去世后，其子蔡永泉继承父业。1956年，公私合营，"京都老蔡记馄饨馆"并入国有体制。后来，郑州市成立饮食公司后，"京都老蔡记"被划入郑州市饮食公司管理。

20世纪五六十年代，郑州市民举家团聚大多到"京都老蔡记"吃蒸饺和馄饨。毛主席、刘少奇、周恩来、朱德、陈毅等老一辈国家领导人和梅兰芳等艺术家到郑州时，也都品尝过蔡记蒸饺，并给予了高度赞赏。由于几十年如一日坚持传统操作规程，郑州百姓对其质量有"出门百步外，余香留口中"之赞誉。

改革开放后，蔡永泉后人、郑州市饮食公司分别在国家工商总局注册"京都老蔡记""老蔡记"商标，从此，郑州市场上出现了以蔡家后人为代表经营的"京都老蔡记"蒸饺店与郑州市饮食公司（后改制为郑州市饮食有限责任公司）为代表经营的"老蔡记"蒸饺店。

"京都老蔡记"现由以第三代传人蔡和顺为主的蔡家后人经营。

香港美食家蔡澜曾这样评价蔡记蒸饺："皮薄如纸，用筷子一夹起，可以看到半透明的饺子皮中的馅，渗满着汤，怎么摇，也摇它不破……入口，鲜甜无比……"

恰恰就是这一口"鲜甜无比"的蒸饺，蔡澜在一篇文章中又写道："古人逐鹿中原，我没有打仗的欲望，但是为了这笼饺子，争个你死我活，也是值得。"

蔡和顺介绍，京都老蔡记蒸饺之所以能够得以百年传承，主要源于颇为讲究的制作工艺和独特的口感。肉馅须用猪后腿肉，且肥肉三成、瘦肉七成，加入姜末、料酒、小磨香油、精盐，以及用猪腿骨、老母鸡熬煮的高汤等搅拌上劲成汤馅。蒸饺皮采用烫面、死面混合而成，反复揉搓后方能使用。包蒸饺更有讲究，每个蒸饺必须12至13个褶，多褶、少褶即视为废品。所以，蔡记蒸饺成品具有造型美观、色泽油亮、灌汤流油、香而不腻等特点。

晾晒松针

而为了更好地激发蒸饺的香气、减少蒸饺的油腻之气，从创店至今，蔡记始终坚持用晾晒、蒸煮后的马尾松松针铺垫在蒸笼之内，既保证了蒸饺香而不腻的口感，还为蒸饺增加了一丝别样的清爽与清远之气。

蔡记制作鸡丝馄饨特别注重制汤，坚持选用猪腿骨、肥母鸡按比例下锅，馄饨形如灯笼，配以鸡丝、榨菜、紫菜、香菜等，皮薄肉香汤鲜，与蔡记蒸饺配套经营，相得益彰。

进入新世纪，郑州蔡记蒸饺在继承和保持传统风味的基础上，又开始了迭代更新：由虾仁、姜汁、香芹、木须、豆沙、梅菜、葱头、三鲜、龙井虾、素四宝等组成的"蔡记蒸饺宴"，以及羊肉蒸饺、马蹄蒸饺等，不仅丰富了传统蒸饺的品种，也让消费者有了更多的选择。

两宋市井小吃，四时入口珍馐

锅贴，属于煎饺一类。

锅贴是水煎包的一个品种，二者基本操作程序大体相同，都是将面皮包馅，下入平底锅，加水或稀面浆大火煎制而成。但细分的话，二者是有区别的：锅贴要二次下浆，成熟后成片相连，水煎包是将熟时淋入小磨油，翻身再煎即成；二者所用的面皮不同，水煎包是发酵面粉，锅贴是水调面。因此，水煎包的口感松软，锅贴的口感则酥脆。

锅贴，两宋市井小吃，四时入口珍馐，是中国传统面点，河南传统十大面点之一，至今已有千年历史。

锅贴，原名煎夹子、煎角子，早在北宋，就已经成为首都开封乃至整个中原地区的流行食品。《东京梦华录·卷二·州桥夜市》记载的当时开封夜市上的流行食品中就有煎夹子："夏月，麻腐、鸡皮麻饮……冬月，盘兔……煎夹子……"

清末民初，煎角子渐渐更名为锅贴角、锅贴。清末文人孔庆镕的一首《竹枝词》中无意间记录了锅贴的变迁史："狼藉满盘锅贴角，饱餐不费一龙洋。"

而作为郑州市非物质文化遗产锅贴制作技艺的代表性项目，"阿庄"锅贴不仅以传统锅贴的制作出名，近年来更因为创新、研制了河南市场上目前唯一的一款以虾和韭菜为馅的爆款虾锅贴，赋予了锅贴最新的时代潮牌标签，极受年轻吃货的追捧，被吃货

113

们誉为"锅贴侠",成为郑州的代表性锅贴。

一只锅贴,三尾整虾,每只锅贴重35g,长11cm,形似偃月。

阿庄锅贴,馅、皮、形、火,都有自己独特的技术要求。馅料选取猪后腿肉、鲜虾、韭黄、韭菜等。以传统肉锅贴为例:肉馅需用肥肉三成、瘦肉七成与姜(去腥提鲜)一并剁泥;加入适量盐、白糖、大料面、生抽、老抽顺向搅拌,使肉馅入味;按照一斤肉六两水的比例分三回往馅里加水搅打上劲,第一次加入三两水,顺向搅拌肉馅至有紧实感,第二次加入二两水,搅拌肉馅至黏稠后,第三次加入一两水,搅至肉馅黏稠上劲,后加入香油、韭黄或韭菜段(0.5cm长)搅拌成馅。

锅贴面皮所用面粉为麦芯粉。将烫面、死面混合,即以开水烫制一半面粉,凉水和制一半面粉,之后合二为一,揉搓均匀,盖上湿布,醒置一刻钟后再次揉搓。醒置一刻钟,会使面筋道、柔软,制出之皮光滑透亮。

在郑州市2021年"文化和自然遗产日"非遗宣传展示活动中,"阿庄"厨师现场制作的锅贴,受到很多市民的追捧

底部焦皮使用优质低筋面粉与水按照 1∶20 比例调成面水备用。

搓条下剂，每个剂子 11g 左右，擀成直径 9cm 的面皮，面皮要求薄至 0.2cm，四周薄中间厚，能透光为好。包制时按照剂子的两倍重量放馅，采用"一"字包法以手捏成长 11cm 左右的偃月形、两头不露馅的生锅贴。

跟传统锅贴不同的是，阿庄锅贴采用的是煮煎结合：把锅贴依次排放在平底锅内加入清水用武火煮制，水干后，浇上稀面汁；待汁稍尽，淋入花生油，再用文火煎制而成。成品焦香可口、鲜而不腻，再配上香醋、蒜瓣，更是别有一番滋味在心头。

2018 年 9 月 10 日，阿庄锅贴作为河南传统经典面点之一，亮相"向世界发布中国菜"的品鉴晚宴；2021 年，阿庄锅贴制作技艺被列入郑州市非物质文化遗产名录。

饺子的"和"哲学

小小的一个饺子，当然，还有饺子的若干亲戚们，之所以能够成为一个民族上千年的主流食品并影响至今，除了情感与生活智慧外，代表的还有中国饮食最朴素的膳食平衡养生理念：五谷为养、五果为助、五畜为益、五菜为充。

"五谷为养"指的是米、麦、豆、薯等粮食能够补养"五脏之真气"，故"得谷者昌"；"五果为助"指各种鲜果、干果和坚果能助五谷，使营养平衡，"以养民生"；"五畜为益"指鱼、肉、蛋、奶等动物性食物能弥补素食中蛋白质和脂肪的不足，"生鲜制美"；"五菜为充"则指各种蔬菜能够补充人体所需的维生素和膳食纤维，"疏通壅滞"。

中国烹饪历来讲究原料的合理搭配，这种搭配使膳食平衡的思想直接渗透到每道菜点之中。因此，中国几乎所有菜点都是多种原料制成的，饺子、包子更是典型。若按膳食配比来说，饺子、包子的面皮属五谷，无论荤素馅，都有菜、有肉，即五菜、五畜的混合馅，这样制作出来的饺子、包子好处有三：一、解决了主食与副食之间的搭配。无论米饭还是馒头，都需另外搭配肉蔬等副食才能构成一餐饭的标准，但饺子、包子却是既有主食又有副食，也就是说，一盘饺子、一个包子，就可以解决一顿饭，其方便、快捷程度远超今日之麦当劳、方便面等快餐。二、营养均衡，膳食搭配合理。比如中国各城乡最普及的韭菜鸡蛋（其中还有加粉条、虾皮的）馅的饺子、包子。韭菜属五菜，鸡蛋属五畜，包子皮则为五谷。有面、有菜、有肉，在给吃的人带来方便、快捷的同时又照顾到了营养搭配的合理。三、包子是蒸制而食的，饺子是煮制而食的。蒸和煮是目前世界上所能发现的最便于人体吸收、消化，且能较好保留菜蔬营养的最健康的烹饪方式。

按四时之需，把各类食材加以组合后，统一成馅，然后包进一张小小的面皮里，在面皮和馅料的和谐共处中，达到膳食补助养生的目的；从原料的配伍、五味的调和中追求美味、养生和保健，这就是饺子的"和"哲学，是中国人的生活智慧，也是饺子之所以辗转千年却依旧占据中华民族最主流饮食榜的重要原因。

有鱼，从黄河来

"有朋自远方来，不亦乐乎？"而郑州人"乐"朋友的礼数之一，就是让朋友吃好喝好。烧黄河鲤鱼待客，便是郑州地区传统的一种待客方式。

从《诗经》里走出来的鲤鱼

随着"国家中心城市"的确立，郑州的影响力也正在逐年增长。

在 2021 牛年春节联欢晚会上，"郑州站"的连续几次播报，让全国人民都艳羡不已——这是"国台"在妥妥地为郑州打免费广告啊；其后，"唐宫小姐姐""端午奇妙夜"的火出圈，不仅让河南博物院、郑州博物馆成了热门旅游景点，也让河南、郑州再次成为举国焦点；而 2021 年中国（郑州）黄河文化月、2021 年中国（郑州）国际旅游城市市长论坛等系列活动的相继举办，更是用实力向国内其他城市的游客展示了厚重的河南风采。

"有朋自远方来，不亦乐乎？"而郑州人"乐"朋友的礼数之一，就是让朋友吃好喝好。烧黄河鲤鱼待客，便是郑州地区传统的一种待客方式。

鲤鱼，自古就被视为一种吉祥物，有"鱼之王"之说，并被赋予很多文化象征，民间的刺绣、剪纸、雕刻及绘画等常以鲤鱼为题材传递吉祥、祝福的寓意，所以说，鲤鱼文化也是黄河文化乃至中华文化的重要组成部分。

在古代，俗传用绢帛写信装在鱼腹中传递信息，故，鲤鱼有"鱼素"之称，古人寄信时也常把书信结成双鲤形状。汉乐府诗《饮马长城窟行》即有："客从远方来，遗我双鲤鱼。呼儿烹鲤鱼，中有尺素书。"唐代诗人李商隐《寄令狐郎中》也有："嵩云秦树久离居，双鲤迢迢一纸书。"

鲤鱼还常被作为凭信。隋唐时期朝廷颁发给百姓"鱼符"（又叫鱼契），是雕木或铸铜而成鱼形，刻字其上，以此为凭信。

古人认为"鲤"是神仙的伴侣，或视它是神仙的坐骑鱼，《尔雅翼》中有："鲤者，鱼之王。形既可爱，又能神变……以其灵仙所乘，能飞跃江湖故也。"鲤鱼的"鲤"和"利"谐音，故有"渔翁得利""家家得利"之说。

因为"鱼"和"余"是谐音，所以，"连年有余（鱼）"就成了中国人春节永恒的祝颂主题。无论是年画，还是剪纸，中国人都要把鲤鱼当作吉庆的象征，与莲花组成传统的吉祥图案，寄托对家族兴旺、富足有余的祈盼。

古代还有一种传说，黄河鲤鱼跳过龙门，就会变化成龙。"俗说鱼跃龙门，过而为龙，唯鲤或然。"因此，人们常用"鲤鱼跃龙门"来祝颂中举、高升、飞黄腾达并鼓励青年学子奋发向上。

鲤鱼产籽多，故鲤鱼也常被用于祝吉求子，以其作生育繁衍、富贵有余的象征。

金色黄河大鲤鱼

黄河中的鲤鱼，因其肉味醇正，鲜嫩肥美，形色艳丽，口鳍淡红，两侧鱼鳞金光闪闪，世称"金色黄河大鲤鱼"。

《诗经·周颂·潜》提到，周王用来祭祀、求福祉绵延的祭品中，鱼有六种，鲤鱼便被列为其中。又《诗经·陈风·衡门》中，从"岂其食鱼，必河之鲤？岂其取妻，必宋之子"句可知，周代，黄河鲤鱼是鱼中珍品。

周代，中原一带的贵族对食用野味已经相当谨慎，只把牛、羊、狗、鸡、鸭作为经常食用的肉类，再加上农业的发展，使得可放牧的土地大大减少，导致畜牧业在周代并不是很发达，获取肉食受到很大限制。因此，肉食在周代是以贵族以上阶层为主要消费群体的。

但周代的捕捞业和养鱼业却相对发达，从而使鱼、鳖等水产品成为老百姓餐桌上最常见的大众食品。汉代，池塘养鱼业已很兴盛，在陕西、河南出土的汉墓随葬品中就有不少养鱼池塘的模型。《春秋公羊传》记载，晋国暴君灵公派勇士钼霓深夜行刺刚正不阿的大臣赵盾。谁知钼霓看到赵盾竟以贫贱之人所吃的鱼下饭后，很感动，不忍杀赵盾，为了交差，只好自尽。

但黄河中的鲤鱼，因肉味醇正，鲜嫩肥美，形色艳丽，并不是寻常人家所能吃到的，所以，《诗经·陈风·衡门》中的那位落魄的贵族子弟因为没钱吃好鱼便通过诗歌自嘲说：难道吃鱼，就必须要吃黄河里的鲂鱼和鲤鱼吗？（"岂其食鱼，必河之鲂？岂其食鱼，必河之鲤？"）

直至清代，黄河鲤鱼依然被视为鱼中上品。《清稗类钞》认为，宁夏之鲤，肉粗味劣，与南方所产的鲤鱼品质差不多，对河南地区所产的黄河鲤鱼最为推崇："……豫省黄河中所产者，干鲜肥嫩，可称珍品也。"

黄河鲤鱼的花式吃法

自先秦起，就被视为珍品的黄河鲤鱼，上千年来，经过广大厨师、吃货们的追寻、探索，其吃法也是花样百出。

鲤鱼脍、鲤鱼汤、鲤鱼羹、炙鲤鱼、蒸鲤鱼、鲤鱼鲊（腌鱼的一种）、鱼脯、糟鱼、腊鱼、煎鱼、炸溜鱼、烧黄河鲤鱼等，其中，最有名就是炸溜鱼和烧黄河鲤鱼，而如今在郑州餐饮圈成为热搜美食的"红烧黄河鲤鱼"就是这两种烹饪方法的组合。

中国"溜"菜的名称，最迟在明代万历时期就已经开始普及了。刘若愚《酌中志》记载："（十二月）初一日起，便家家买猪腌肉。吃灌肠，吃油渣卤煮猪头、烩羊头、爆炒羊肚、炸铁脚小雀加鸡子、清蒸牛乳白、酒糟蚶、糟蟹、炸银鱼等鱼、醋溜鲜鲫鱼鲤鱼……"

到了清代，已有关于"溜"菜制法的记载："鳜、鲫、鲤、鲈等鱼，约一斤者，剖洗净，用猪油透炸（微拖面糊，则易脆），视皮焦脆（油须多）为度；先另起油镬，将熟笋片、香菇片爆炒，微调红酱，加酱油、白糖一煮，加葱花盛起，或加鲜醋听便；乘鱼炸好，同携至席上，将油酱浇鱼盘上，则唧唧有声，松脆鲜洁，以供上客。"

《越乡中馈录》对"炸溜鱼"的烹饪过程描述得十分详细：鱼得先用油炸透；同时另锅炒配料并制咸鲜卤或糖醋卤，待鱼炸好上桌，同时将卤锅携上，浇卤汁于鱼盘中，刹那间，鱼肉发出"唧唧"之声，鱼肉既松脆又鲜美，为招待贵客之佳品。"炸溜鱼"，在技艺上已达到较高的境界。

这段"溜鱼"描述与现在流行于郑州地区的溜鱼技法几乎无异。特别值得一提的是，此段文字中提到的"微拖面糊，则易脆"，意思是宰杀干净的鲤鱼用一层薄薄的面粉裹一下再煎炸，这样做的目的是为了让鲤鱼的口感更松脆。在鲤鱼身上裹一层薄薄的面粉，河南人称为"裹面糊"的做法，一些南方人相当不屑，认为这样做反而降低了鲜鱼本身的鲜美之气。但其实北方人，尤其是河南人这么做也是有一些小"心机"的：一则是为了吸附鲜鱼表面的水分，并避免炸煳；二则，干面粉有吸附异味的功能，可以去除腥味；三来呢，从养生角度说，在鱼肉的表层挂一层糊再煎炸，降低了煎炸食品对身体造成的直接伤害。

烧黄河鲤鱼

《随园食单补证》中，也对"烧黄河鲤鱼"做过一段描述，且评价甚高："鲤鱼为鱼中巨擘，山陕濒河处最佳。愈大愈妙，腹际垂腴如猪脂，而肉亦肥嫩。用油煎之，酒、酱、葱、椒起锅，妙不可言。南人嗤晋人不善食鱼，而不知河中之鲤非南人所能梦见也。持其价太昂，一尾须直数千，民家诚未易致耳。"

他让黄河鲤鱼翻了个身

20世纪90年代初，粤、川等外帮菜开始风靡河南，不仅令豫菜一度跌入低谷，就连曾经在中国烹饪史上留下千古传奇的"黄河鲤鱼"也备受本地人冷落，风光不再。

2008 年 7 月，由于河南省非物质文化遗产中原烹饪技艺（豫菜）代表性传承人陈进长的一次改良，黄河鲤鱼因缘际会地得以"翻身"。

78 岁高龄的陈进长，是目前河南省非物质文化遗产专家评审委员会认定的中原烹饪技艺（豫菜）唯一代表性传承人，如今虽已年近八旬，却依旧每天手不离勺、坚持站灶。

1960 年，17 岁的陈进长进入开封饮食技术学校烹饪班学习，师从豫菜宗师黄润生。毕业后，他进入被烹饪界誉为"豫菜的黄埔军校"的又一新饭庄学厨，跟随苏永秀、赵廷良两位豫菜宗师学艺，还拜在了开封名厨世家、陈氏官府菜第三代传人陈景和的门下。官府菜底蕴深厚，工艺细致，例如一道酿银芽，要把绿豆芽去头尾，用针塞入鸡茸，精细到刁钻的地步，非常考验厨艺。跟随师父陈景和，陈进长进步飞快。

1978 年，河南省厨师大比武，其中一项是比试"活鸡快做"，从杀鸡开始，去毛、清理内脏、做成鸡丁，看谁用的时间短。陈进长以 55 秒的成绩胜出，此纪录至今无人能破。从此，他有了"第一快手"的美誉。

1980 年至 1984 年，陈进长在北京人民大会堂、钓鱼台国宾馆，跟随"国宝级烹饪大师"、钓鱼台国宾馆首任总厨师长侯瑞轩学做国宴菜。1984 年以后，陈进长先后在河南国际饭店、丽晶大厦做厨师长，开始自立门户，广收学徒。

进入 21 世纪初，亲身经历豫菜由辉煌转入落寞的陈进长，开始变得不淡定了。

河南省非物质文化遗产中原烹饪技艺（豫菜）代表性传承人陈进长（左）把"红烧黄河鲤鱼"的独门秘技授予传承弟子、阿庄地道豫菜创始人王铁庄（右）

　　陈进长至今还记得少时跟着师傅学厨时，师傅就曾告诉过他：河南是中华文明最主要的发源地之一，也因此，咱们的本帮菜，被称为豫菜的河南菜，曾经是国家最高餐饮的象征之一，发展至北宋更是达到鼎盛。

　　河南很伟大，豫菜很优秀。这么好的东西传承到今天不容易，"不能在咱们这一代人手中丢喽。"于是，陈进长不断穿梭于郑州的各大酒楼间，想尽可能地利用自己的名气、技术为豫菜找一个好的平台，找一个好的传承点。

　　陈进长的改良就从"红烧黄河大鲤鱼"开始。他认为"糖醋软溜鲤鱼"虽然是豫菜的经典，但由于这道菜的制法极为考究，因此对厨师的要求极高，在食客中的普及率也相对较低。他要做的改良就是：把黄河鲤鱼做成一道上得厅堂的大众菜。

于是，2008年7月，陈进长结合开封当地普通人家普及率非常高的一道家常红烧鱼的做法，在郑州一家酒楼推出改良菜"红烧黄河鲤鱼"。

两个月后，由于这道"红烧黄河鲤鱼"极受食客推崇，成为镇店菜品；四个月之后，郑州市内的其他酒楼开始效仿，并逐渐形成各大酒楼都拿"红烧黄河鲤鱼"说事儿的局面；一年之后，郑州周边养殖户看到商机，开始大面积养殖黄河大鲤鱼；三年之后，聚焦红烧黄河大鲤鱼单品，并以"红烧黄河大鲤鱼"为店名的餐厅渐渐如雨后春笋般冒了出来。

曾经被本地人所冷落的黄河鲤鱼终于得以翻身，并由之前的三四元一斤涨到后来根据等级之分，有十几元一斤、二十几元一斤甚至更贵的身价。

"红烧黄河鲤鱼"的成功不仅带动了河南餐饮业的发展，更推动、促进了相关产业链的发展。

首先，"红烧黄河鲤鱼"的成功促进了餐饮业的发展，进而推动了养殖业的发展；其次，由于餐饮业、养殖业的兴盛，又帮助、解决了部分人的就业难题，为社会减轻了就业压力。陈进长带来的"黄河鲤鱼"效应其实还为当代餐饮企业提供了一个新的经营思路：多元化发展的经营模式也许会为河南餐饮的"火出圈"带来更多机遇。

虽然最终的结果已经宣告陈进长的探索是成功的，但更大的难题还在困扰着这位老人：传统豫菜怎样创新才能拉拢住"00"后的胃？豫菜企业如何升级、打造，才能突出重围，"火出圈"？

这是一个非常艰巨的任务。陈进长说，他一个人也许真的完成不了，但他相信在年轻人情感诉求越来越多元化的今天，他们对吃的情感追求也会更丰富，所以，越是质朴的菜品，越能俘获他们的心。

红烧黄河鲤鱼

走出红墙的"酸辣乌鱼蛋汤"

汤清如水、明澈见底；几片白色透亮的乌鱼蛋片浮在碗中，宛若白色的玉兰花瓣；汤味华美而细润，酸中带辣，辣中透酸，汤中却酸不见醋，辣不见椒，细品，竟还有高汤的味道。美极，妙极！

这道曾被邓小平誉为"中华第一汤"的酸辣乌鱼蛋汤，又是如何走出红墙，被复制到郑州的？

酸不见醋、辣不见椒

汤清如水、明澈见底；几片白色透亮的乌鱼蛋片浮在碗中，宛若白色的玉兰花瓣；汤味华美而细润，酸中带辣，辣中透酸，汤中却酸不见醋，辣不见椒，细品，竟还有高汤的味道。美极，妙极！

这就是"河南老字号"郑州二合馆的"镇馆"汤，也是曾被邓小平誉为"中华第一汤"的酸辣乌鱼蛋汤。之所以有此盛誉，当然有原因了。一是汤：此汤是用传统的吊汤工艺制成，用料颇重，平均每三斤柴鸡料经过数道工序后，才能制出一斤的鸡汤，制作工序相当复杂。其次是蛋：打破了烹饪乌鱼蛋的传统技法。由于乌鱼蛋特性是见醋发涩，所以中国传统的烹饪技法都不把它制作成酸味菜肴。1949年后，钓鱼台国宾馆首任行政总厨侯瑞轩经过上千次的实验，打破传统，利用天然酸汁调和，使乌鱼蛋汤酸辣适口、鲜香味美，形成了"酸不见醋，辣不见椒"的特色风味，而酸辣乌鱼蛋汤也成为钓鱼台国宾馆的"台汤"。

可是，这款国宴台汤又是如何到了郑州，并成为二合馆的"镇馆"之汤了呢？说起来，这里还有个故事呢。

侯瑞轩，被誉为当代"国厨"，是从河南走出去的当代厨师的杰出代表。他出生于"厨师之乡"河南长垣。1933年，13岁的侯瑞轩到当时河南省的省会开封市"便宜坊"学习厨艺，后又至开封"又一村"饭庄（今"又一新"饭店）学厨、工作，并得到赵廷良、苏永秀等豫菜大家、名厨的手把手指导。

"又一村"饭庄，创建于清光绪三十二年（1906），是当时政界要人和社会名流的指定接待饭庄。周恩来陪同联合国官员视察黄河，梅兰芳到汴赈灾义演，蒋介石到开封召开军事会议，都要请"又一村"的大师傅做菜。作为"正宗豫菜第一家""豫菜的黄埔军校"，1949年后，"又一新"又为新中国培养、输送了一大批顶级烹饪大师。可以说，无论是钓鱼台国宾馆、人民大会堂，还是中国对外大使馆，都有"又一新"的烹饪理念。

1954年，已经在国内烹饪界崭露头角的侯瑞轩，与其他两位

"又一新"名厨一起，被选调到北京饭店，参加当年国庆宴会的酒宴制作。随后，侯瑞轩就被留在北京饭店工作。1957年，中苏两国在对方首都互开餐厅，侯瑞轩被派往莫斯科"北京饭店"做主厨，为中苏两国领导人制作宴席。1963年前后，他先后三次被派往平壤，为朝鲜培训130多名厨师，其讲稿被编译成朝鲜文餐饮教材。

1980年，侯瑞轩被选调为钓鱼台国宾馆首任总厨师长。侯瑞轩结合改革开放时代需要，认真分析国宾的饮食特点，大胆收集融合各国菜品特色，带领同事研究创制了"四低一高"（低糖、低盐、低脂肪、低蛋白、高膳食纤维）、中餐西吃的钓鱼台国宴菜。国宴菜不仅保持了中国菜"色、香、味、形、器"俱佳的优良传统，而且不失"养、益、助、充"（五谷为养、五畜为益、五果为助、五菜为充）膳食平衡原则，凸显出肴馔"清鲜淡雅、醇和隽永、秀美端庄"的崭新风格，成为当代烹饪的楷模。里根、克林顿、叶利钦、布莱尔、伊丽莎白二世、撒切尔夫人、卡斯特罗等到访的外国元首、政要的酒会和膳食多由侯瑞轩负责主理。而"河南老字

每年，为全国各地慕名而来的学员授课，是李志顺工作室的重要教学任务

129

号"二合馆的传承人、河南省省级非物质文化遗产长垣烹饪技艺代表性传承人李志顺则是侯瑞轩的关门弟子、爱徒。

2001 年，怀着对家乡的热爱，侯瑞轩和李志顺师徒二人合力，把酸辣乌鱼蛋汤等国宴菜请出红墙、带回老家，并通过郑州"二合馆"推向了市场，就此，国宴菜正式落户郑州。

吊汤的秘密

"乌鱼蛋最鲜，最难服事。须河水滚透，撇沙去臊，再加鸡汤、蘑菇煨烂。"

清代乾隆年间的诗坛盟主袁枚也是一枚大吃货，曾著有《随园食单》，记录了当时具有江浙一带气息的部分风味美食，其中就收录了"乌鱼蛋"。他认为，乌鱼蛋虽然鲜美，但如何把乌鱼蛋收拾干净并处理好乌鱼蛋的臊气，是一大难事。尤其是乌鱼蛋的臊腥之气，说起来也是烹饪界的一大长期课题。但酸辣乌鱼蛋汤的制作，却巧妙借助了中国传统烹饪中制汤的最高境界，很好地解决了这个难题。

先将乌鱼蛋用温水洗净，剥去脂皮，放入凉水锅里，在旺火上烧开，端锅离火浸泡 6 小时。然后取出，用手将乌鱼蛋一片一片揭开，放进凉水锅里，在旺火上烧到八成开时，换成凉水再烧。如此反复五六次，以期达到去除乌鱼蛋臊腥味的目的。最后，将处理后的乌鱼蛋片下入烧好的"清汤"中，旺火微煮后，即成。

酸辣乌鱼蛋汤

　　制作酸辣乌鱼蛋汤的灵魂是"清汤"，又由于采用的制汤工艺是豫菜独有的清汤技艺，因此，酸辣乌鱼蛋汤，一度也被誉为"豫菜第一汤"。

　　河南人对于制汤是非常讲究的：分头汤、白汤、毛汤、清汤；制汤的原料，必须"两洗、两下锅、两次撇沫"，高级清汤则还要另加原料，进行"套"和"追"，使其达到清则见底、浓则乳白、味道清醇、浓厚挂唇的口感。"刀工精细、讲究制汤，五味调和、质味适中"，这不但是衡量豫菜的标尺，也是中国烹饪的特点，更是美食的最高境界。

　　酸辣乌鱼蛋汤用的就是高级清汤。先用鸡、鸭、猪肉、骨头等煮制高汤，然后再用剁成泥的鸡脯肉等在原汤中经过几次"吊清"程序，既可进一步提鲜去腥，又能去掉汤中杂质，并把原汤吊成清澈见底的"清汤"。整个吊汤过程下来，往往需要十几个小时。火候、吊清汤用的原材料的处理等，都是"吊清"的关键点，因此，上好的酸辣乌鱼蛋汤，一向被河南烹饪界视为制汤的最高境界。

"汤"是中国传统烹饪调味的根本。在有各种化学成分的食品添加剂被研发出来之前的年代，厨师们用来调制各种口味的"利器"就是"汤"。

在古代，由于中国人对吃的极其敬畏，在烹饪中，是不敢添加任何不干净、非纯天然添加剂的（当然，也没那个可以添加化学成分的物质条件）。各种菜肴的鲜香除了厨师的烹饪技巧外，还要用一样法宝：汤。每天清晨饭店开门前，一大锅浓香四溢的调味汤就已经熬制好，一天的菜肴全靠它来提鲜、提味儿，每天汤用完就挂牌歇业。所谓"唱戏的腔，厨师的汤"，饭菜正不正点，先看汤，汤是基础。

不管是菜品，还是卤味，无论是酸辣乌鱼蛋汤，还是平民胡辣汤，好不好吃、正不正宗，也是同样的道理：看汤。汤好，味儿才好。因为物正，味儿才纯。

美食，有时候不仅仅是技术，更是一种烹饪态度、生活态度和哲学态度，要想把菜做好，态度与技术是同等重要的。这条传统的烹饪"古训"，现在听起来似乎有点"凡尔赛"，但却是一条至理箴言。而今天你我能品尝到的一切传统美食，不仅源于脚下这块土地的历史、文化，还正是源于每一位在这座伟大的城市中坚持梦想并乐于传承的老字号、老手艺人。

美食，就是在他们的手中成了生活智慧和世道人心的结合体，丰厚、博大、精深。

"葱烧海参"的曼妙

当米饭遇上了海参汁，那淡淡的米谷香气中顿时就被裹上了一层来自海洋的味道，香浓迷人，令人沉醉。回味海参在唇齿间的缠绕之妙，就像欣赏一曲宋词，吟着"今宵酒醒何处？杨柳岸晓风残月"。

关于海参的"冷知识"

经过独门秘法烧制的鲁班张葱烧海参，葱香浓郁，入味透彻，口感醇厚鲜美，软糯弹牙；装盘的布局疏密有度，色彩典雅庄重，线条简洁、苍劲而秀美，构思精巧，意蕴深远，很有主次地呈现出"横眉群山千秋雪，笑吟长空万里风"的铁骨傲气……

吃海参时，还可以把葱烧海参汁浇在米饭上拌着吃。当米饭遇上了海参汁，那淡淡的米谷香气中顿时就被裹上了一层来自海洋的味道，香浓迷人，令人沉醉。回味海参在唇齿间的缠绕之妙，就像欣赏一曲宋词，吟着"今宵酒醒何处？杨柳岸晓风残月"。

海参，从目前所能查到的文献来看，最早是在明代万历年间著名的随笔札记《五杂俎》一书中作为北方水产的特色代表出现的："海参，辽东海滨有之……其性温补，足敌人参，故名海参。"一句"足敌人参"便足以说明，至少在明代，海参的营养价值就已经被"科普"了。而从明崇祯年间的一部史料《酌中志》可知，特立独行的万历皇帝在饮食上的忠诚度很高，"海参烩菜"是他在位数十年间雷打不动的一道元宵节"硬菜"。这也是历代文献中海参首次与宫廷菜"牵手"的记录。

《酌中志》一书，其中有一卷记录的是从正月到腊月，都城内外包括皇宫内的饮食习俗、风尚。当时，元宵节是普天同庆的盛大节日，家家户户都要整几桌隆重的宴席庆贺，因此，宫墙外，东海之石花海白菜、鹿角，武当之莺嘴笋、黄精，滇南之鸡枞菌，五台之天花羊肚菜等"天下繁华，咸萃于此"。有人喜烧鹅、冷片羊尾，有人喜油卤鹌鹑、枣泥卷、糊油蒸饼，而"先帝最喜用炙蛤蜊、炒鲜虾、田鸡腿及笋鸡脯，又海参、鳆鱼、鲨鱼筋、肥鸡、猪蹄筋共烩一处，名曰'三事'，恒喜用焉"。

鳆鱼，乃鲍鱼。所谓"三事"，也就是用海参、鳆鱼、鲨鱼筋、肥鸡、猪蹄筋一同烩制的"大烩菜"。

书中所称的"先帝"，乃是崇祯皇帝的爷爷：万历皇帝。

不管是对海参，还是对月饼的文献记载，《酌中志》对于学术界都有着前无古人的贡献，因此，还是有必要从《酌中志》的作者刘若愚说起。

　　刘若愚是万历年间的一名太监，擅长书法且博学多才，后因魏忠贤一案遭诬陷，被捕入狱。为了给自己申冤，在狱中，他仿效太史公司马迁，发愤著书，从崇祯二年开始，用十余年时间撰写了一部明代杂史《酌中志》。在这部具有极高史学价值的《酌中志》中，刘若愚详细记述了自己在宫中数十年的见闻，皇帝、后妃、内侍的日常生活，宫中规则、内臣职掌，以及万历年间的饮食、节令风俗、服饰等，给后人留下了一般著作中看不到的明万历朝至崇祯初年的宫廷事迹、政局时事和风土人情，以及皇帝、后妃、宫女、太监的宫中生活和统治阶级之间各种矛盾斗争的历史资料。而刘若愚本人也最终因为这部史书得以出狱，并沉冤得雪。

　　刘若愚还用事实证明了学术界一直争论不休的问题，比如许多人认为正月初一吃"扁食"、立春"咬春"等习俗是从清代开始由满人传入的，但这本书却证明了：北京最迟在明代万历年间就有这种习俗了。再如，从明代之前的文献中可以知道，至少在宋代，就已经出现了一种叫"月饼"的市肆点心，但还没有"上升"到节令食品的高度。究竟从什么时候开始，月饼升级为中秋节"标配"食品？目前所能查到的文献中，月饼与中秋节联系的第一次记录，还是出现在《酌中志》中。《酌中志》第二十卷《饮食好尚纪略·八月》："宫中赏秋海棠、玉簪花。自初一日起，即有卖月饼者。加以西瓜、藕，互相馈送……至十五日，家家供月饼、瓜果……"这说明，至迟在明万历年间，月饼就已经成为中秋节的"标配"了。

　　忽然想到网上的一些关于海参各种不靠谱的"冷"知识，诸如：海参自古就被视为珍品，早在三国时期《临海水土异物志》中对海参就有所记载；宋代《东京梦华录》中就记载了用海参制作的多种菜肴；明代开始，海参成为宫廷佳肴，最先对海参烹饪进行详细描述的是《明宫史饮食好尚》，书中说："先帝（朱元璋）最喜欢用海参、鳆鱼、鲨鱼筋（鱼翅）。"

而在参加 2020 年河南省省级非物质文化遗产项目的评审工作时，我看到有些申报文本中引用的也有上述几段文字。

不得不说：科技的进步，使得我们在享受移动互联网的巨大红利的同时，也成为一些自媒体制造假信息、散布假信息的最佳受众。

首先，"安利"下网上所说的《明宫史饮食好尚》这本书。确切地说，书名是《明宫史》，"饮食好尚"只是书中的一个章节。而《明宫史》其实是明代的吕毖从刘若愚所著的《酌中志》一书中节选出来的一个集子。

至于"《东京梦华录》记载的用海参制作的多种菜肴"一说，就用汪曾祺的一段话结束吧："遍检《东京梦华录》《都城纪胜》《西湖老人繁胜录》《梦粱录》《武林旧事》，都没有发现宋朝人有吃海参、鱼翅、燕窝的记载……"

河南特质：南料北烹

葱烧海参也是河南的传统名菜。

自古以来，就有"南料北烹"之说。而河南，曾是中国的政治、经济、文化中心，既有九朝古都的洛阳，也有七朝古都的开封，在那些特殊的历史时期，海产干货源源不断进贡到河南，很多御厨倾尽全力研制海参的烹饪方法。随着时间的推移，这些海参菜系渐渐也流传到了官绅富贵人家，然后，又辗转于民间酒楼茶肆、寻常百姓家。袁枚就曾记录过当时江浙一带流行的海参三吃：以鸡、肉两汁红煨极烂，加香蕈、木耳点缀；用芥末、鸡汁拌冷海参丝；把海参切成小碎丁，用笋丁、香蕈丁入鸡汤煨作羹，或用豆腐皮、鸡腿、蘑菇煨海参。这些吃法，河南亦有，不过，在河南，海参的保留做法一直是"葱烧"。清末民初，河南大部分百年老店的头牌菜中，葱烧海参一般都是压轴大菜。

口感醇厚鲜美，软糯弹牙的"葱烧海参"

为什么一根葱，就能赢得海参的"一眼千年"呢？除了口感、味道更为相合之外，可能也与国人的养生智慧有关。大葱，又名和事草，乃辛、温之物，海参虽珍，物性有微寒，两者相配，互补而和之，既能彰显大葱和海参的健体养身之功，又能呈现出物性香醇鲜美的天赋，因此说，此菜是一道美食加养生的和谐美味。而一根葱、一头海参，越是简单的搭配，越能凸显厨师的水准，想来也是彰显河南烹饪"五味调和，质味适中"烹饪理念的最佳量化指标之一吧。

葱烧海参制作技艺的传承人、百年陈家官府菜第五代掌门人，河南鲁班张餐饮有限公司副总经理、技术总监陈伟介绍，1901 年末，慈禧太后与光绪皇帝回銮路过开封府，恰逢慈禧太后大寿，衙门派名厨陈永祥为其操办万寿庆典宴，其中有葱烧海参、套四宝、百子寿桃、烧臆子等多道菜肴，深受慈禧太后和光绪皇帝的赞赏，从此作为百年陈家官府菜的家传名菜代代相传。

百年陈家，也是目前国内唯一的家传百年、世传五代的厨师世家了，既然葱烧海参是百年陈家菜的看家菜之一，就必然有其原因。而百年陈家制作此菜的独家秘诀就是海参的涨发、入味。

袁枚《随园食单》载："海参，无味之物，沙多气腥，最难讨好。然天性浓重，断不可以清汤煨也。"海参的涨发要求非常严格，稍有差池，则为废参。古代中国，在运输相对落后的条件下，诸如海参等名贵水产的身价是可想而知的，浪费一头海参对于厨师意味着什么，想来此处也就无须赘言了，因此，物尽所用，亦是厨师最基本的职业操守之一。

百年陈家官府菜第五代掌门人，河南
鲁班张餐饮有限公司副总经理、技术总监
陈伟制作葱烧海参

　　涨发时，要先将干海参放入盆内，兑入纯净水，泡软后，上火加热，待水快烧开时，关火，盖上盖，持续保温，便于涨发。12 小时后待到海参发起捞出，放在凉水盆内，用剪刀把海参腹部顺长剪开，取出肠子、沙子，洗净后，重新放入冷水锅内加热，待水快烧开时，关火继续保温涨发，如此反复涨发数次，直到海参柔软、光滑、捏着有韧性，才算发好。

　　海参乃无味之物，怎么才能把味道尽可能地入到"无味之物"里呢？

　　为了使海参能够入味，陈家数代传承人不断钻研、改进，把大汁大烧改为紧汁包烧，后来又加入了家传的配方与秘制葱油烧制，增加了汤汁对海参的附着力。至第五代传承人陈伟时，他做了这样的改良：在烧制海参的过程中，采用在定制的铝锅内用高汤煨制海参 30 分钟的方法，使煨制出来的海参，汤汁不用勾芡就自然黏稠，海参更是葱香浓郁、软糯弹牙，食之令人回味悠长。2017 年，陈伟制作的葱烧海参被评为"河南名菜"；2018 年，葱烧海参被中国烹饪协会评为"中国区域代表性名菜"；同年，由陈伟负责研发的鲁班张"海参宴"，被中国烹饪协会评为"中国区域代表性名宴"；鲁班张葱烧海参入选 2019 年 6 月在日本大阪召开的"G20 峰会"欢迎晚宴菜单；2021 年，葱烧海参制作技艺被列入郑州市非物质文化遗产名录。

在传统与现代中穿行的
"煎扒鲭鱼头尾"

鱼肉紧致细腻，鲜嫩的口感加上浓汁的浸润，肉的香混在汁里，汁的浓伴在肉内，汁和肉就这样达到了和谐统一。这道菜就是曾打动康有为而名噪一时的传统豫菜的经典代表"煎扒鲭鱼头尾"。

"味烹侯鲭"

枣红色的鱼块，看起来很普通，就像家常的烩鱼块，可夹一口细品你才会发现它的不一般：鱼肉紧致细腻，鲜嫩的口感加上浓汁的浸润，肉的香混在汁里，汁的浓伴在肉内，汁和肉就这样达到了和谐统一。这道菜就是曾打动康有为而名噪一时的传统豫菜的经典代表"煎扒鲭鱼头尾"。

煎扒鲭鱼头尾是以 2.5 公斤左右的野生鲭鱼为主料，整留头尾，鱼肉成块，煎至金黄后铺到锅箅上，以武火见开，小火扒至入味。而这一煎一扒，使鱼肉更加鲜嫩、汤汁更显醇厚，口感极佳。食时将一块鱼头放在嘴里一吸，不但能吸出鱼脑，而且鱼肉与头骨自动分离，骨酥肉嫩，鲜香味醇，是传统经典豫菜风味，素有中原奇味之称，因此，清末民初，凡路过河南的"公知"显要们都要品尝此菜。

　　1923 年，65 岁的康有为游历开封期间，河南军政要员在又一新饭庄设宴款待他。名厨黄润生等精心烹制了几道开封特色名菜，康有为品尝后连连称好，其中最让他赞叹的便是煎扒鲭鱼头尾。食毕，康有为以西汉奇味五侯鲭为典故，当即泼墨写下"味烹侯鲭"四个大字。余兴未尽，又在一把折扇上题写"海内存知己，小弟康有为"，赠给制作此菜的"灶头"黄润生。

　　"味烹侯鲭"是康有为取西汉奇味"五侯鲭"典故之意。南北朝时，"五侯鲭"就已作为名菜被记入菜谱，宋代苏轼有诗云："今君坐致五侯鲭，尽是猩唇与熊白。"

　　黄润生，河南长垣籍中国名厨、又一新饭店创建人之一。传统经典豫菜"干炸鲤鱼带网"就是他在北宋名品"干炸鲤鱼"的基础上，再淋上蛋糊，炸成丝状做成的。做这道菜的难度在于炸、浆并举，边浆边

康有为题"味烹侯鲭"

淋。炸好的鲤鱼，金黄的蛋丝围在鱼的周围，丝不离鱼，鱼不离丝，肉嫩丝酥，既好吃又好看，从此才有了"干炸鲤鱼带网"之说。1960年，黄润生任开封饮食技术学校副校长时还主持编写烹饪技术讲义，为豫菜的发展倾注了毕生心血。他手把手教过的学员，后来大都成为国内顶尖名厨。

现象级的煎扒鲭鱼头尾落户"三所"，后来怎么样了？

1954年10月，河南省政府由开封市迁往郑州市，郑州市成为河南省省会。

1959年，郑州创建"中共河南省委第三招待所"，煎扒鲭鱼头尾这道历史名菜也随之落户郑州。

从此，煎扒鲭鱼头尾作为豫菜的经典代表之一，成为黄河迎宾馆的代表菜品，向国内外政要、宾朋展示了河南烹饪的高光时刻。

煎扒鲭鱼头尾，用的是传统的豫菜烹饪中的"扒"，豫菜用的"扒"是算扒，在烹饪界独树一帜，举世闻名。在没有酸和辣的刺激下，用白扒功夫达到汤和油完全融合并被原料充分吸收，也就是"用油不见油"和"扒菜不勾芡，功到自然黏"的效果，没有扎实的基本功是很难做得到的。其中，掌握火候也是关键。火候大了，鱼肉不鲜、不嫩；火候小了，鱼肉和鱼骨不能自动分离，所以，

煎扒鲭鱼头尾

百年来，"扒菜不勾芡，功到自然黏"成为厨师与美食家共同的追求和标准。

一煎一扒，看似简单，实则是判定厨师水准的一个现象级的传统菜品。

根据接待人群特点，黄河迎宾馆的历任厨师在传承传统制法的同时，也在不断优化制作环节，并对煎扒鲭鱼头尾做了一些改良，比如，把酱油改成了糖色和老抽，进而使菜品色泽更加亮丽；在烹饪过程中添加适量食醋提鲜，使得味道更加鲜嫩；添加少量猪油，提高了菜品的嫩度。这样版本的煎扒鲭鱼头尾，咬一口，鲭鱼的外皮松脆、鲜嫩，内里细腻、光滑的口感顿时从舌尖滑向喉头，每一个味蕾和神经都兴奋得不行，仿佛整个胃里都弥漫着海洋的气息。而经过煎、扒之后，那鲭鱼的肉质光滑细软，且更有弹性，造就了整道菜品"无意苦争春，一任群芳妒"的风骨。

中共河南省委第三招待所，郑州人俗称"三所"，即现在的黄河迎宾馆，先后接待过毛泽东、邓小平、江泽民、胡锦涛、习近平等党和国家领导人及外国政要、高级代表团，有着辉煌的历史，素有"国宾馆"之誉。因占郑州铁路资源之优势，宾馆内现在还有全国唯一的一条宾馆火车专用线，毛泽东等多位国家领导人都是乘坐专列直达宾馆的。宾馆现有 300 余种植物，青林碧水，绿树成荫，鸟语花香，景色宜人，特别是宾馆内的 1400 余棵法桐，被林业专家誉为"世界上长势最好的　片法桐"。

由于黄河迎宾馆的"天赋异禀"，如今，宾馆不仅成为带有文旅性质的城市标志性建筑、河南省对外开放的重要窗口之一，很多郑州人周末也会到宾馆逛逛、走走，感受一下城市的历史文脉。而因为黄河迎宾馆独有的风景在郑州这座高速发展的城市内已经越来越稀缺，所以现在也成为很多年轻人拍婚纱照的首选场地。

这样一所具有显著地域特征的招待所内的餐饮，自然是以地道豫菜为主，并兼顾全国各大菜系的精美菜肴，以及国宴豫菜。而同样具有"无意苦争春，一任群芳妒"风骨的鲤鱼焙面，也是传统豫菜的经典代表。

鲤鱼焙面，也叫糖醋软溜鲤鱼焙面，吃法很有讲究，要先食鱼，而后以焙面蘸汁入口，是谓"先食龙肉，后食龙须"。后来，干脆直接将"焙"好的面覆于鱼上，如同锦鳞盖被，所以老百姓有按其音将"鲤鱼焙面"叫"鲤鱼被面"的。20 世纪 70 年代初，尼克松率团访华时曾经吃过这道菜，询其菜名，翻译将它译为"鲤鱼盖被子"，倒也颇合其意。

民间传闻鲤鱼焙面跟大宋开国皇帝赵匡胤有关。后周显德七年（960），赵匡胤掌握大权，早有称帝之心，又不便明言，率军至陈桥驿时，便命身边厨师做了糖醋软溜鲤鱼这道菜并以面条盖之，宴请身边将领，暗示自己有意"黄袍加身"。后世将水煮的面改为油炸，也称"焙面""扣面"。

1901 年，清光绪皇帝和慈禧太后为逃避八国联军之难，曾在开封停留。开封府衙着名厨备膳，贡奉"糖醋溜鱼"，光绪皇帝和慈禧太后食后，连声称赞，还赐开封府"溜鱼出何处，中原古汴梁"一联，以示表彰。

溜鱼焙面制作技艺独特，把软溜和烘汁溜技法同用，唯河南独有，以"活汁"著名。所谓活汁，历来二解，一是溜鱼之汁，需达到泛出泡花的程度，称作汁要烘活；二是取方言中和、活之谐音。吃过溜鱼之后，将鱼汁重新烘制成为"活汁"，再把焙面倒入。利用焙面干燥酥脆、易于吸汁的特点，食之酥香适口，达到一个菜肴，两种风味，相得益彰。

在一所代表郑州城市印记的招待所内品尝当地美食，当唇齿间品着的美食有上百年的历史时，你会不会有种惊艳的感觉？当唇齿间的美食荡漾着传说，你的心神、味蕾会不会马上就有种浪漫的滋味？一道菜，一个传说；一道菜，就可以演绎舌尖上的穿越，这就是典型的豫菜特征、郑州本色。

传统与现代，以这样的方式完成了一场时空对话。

黄帝故里的"四八席"

假如一个吃货会写诗，连食物都会变得文艺至极。

欧公，千古

公元 1072 年 9 月 22 日，北宋开一代文风的文坛领袖，曾官至参知政事（副宰相）的欧阳修病逝，惊闻噩耗，四海饮泣。王安石、苏轼、苏辙、曾巩等一代大家后来皆以其"门人"自称，写祭文悼念。这一组师生名单的出场，足足占了"唐宋八大家"中的五个名额，堪称史上最豪华师生天团。

公元 1075 年，欧阳修被赐葬于当时的开封府新郑县，也由此，我们今天得以在新郑欧阳修墓园一睹这组"欧派门人"的豪华版碑刻祭文，心中的震撼无亚于一次小地震。毕竟这一组名单，简直就是大宋文坛的半壁江山啊，而 900 多年后的吾等后辈又有哪个不是背诵着他们的诗文长大的？

也许是欧公当年的辞章太过绝伦，每至下雨时，欧墓便烟雨缭绕，别是一番天地，"欧坟烟雨"也成为古代新郑八景之一。

这组名单中的各位前辈，不仅诗文冠绝天下，令人仰慕如滔滔江水连绵不绝，同时，他们也是超级吃货。

水晶脍，曾是北宋时东京城内夜市、酒楼的流行菜品。而据《避暑录话》载，当时客居东京的诗人梅尧臣家中，有一位婢女善于做"脍"，士大夫"以为珍味"，欧阳修等人"每思食脍，必提鱼往过"。

在欧阳修眼里，酒肉皆文艺，所以，"醉翁之意不在酒，在乎山水之间也"。

在吃一事的表达上，苏轼更是文人的代表。"东坡肘子""东坡豆腐""东坡玉糁""东坡腿""东坡芽脍""东坡墨鲤""东坡饼""东坡酥""东坡豆花""东坡肉"的传说，更是把苏老推向了前无古人，也暂时后无来者的美食家巅峰。

"脍"，即生鱼片，是古代的热度美食之一，当时，切生鱼片还有个专业术语，叫"斫脍"，请看苏老师记录的"斫脍"场景："运肘风生看斫脍，随刀雪落惊飞缕。"谈笑间，生鱼片就像雪片般纷纷飘落于盘中，这得是多么大神级的刀工呀。

有一次，苏轼吃到了一位妇人做的馓子，因为好吃，他写了一首《食后感》："纤手搓来玉数寻，碧油轻蘸嫩黄深。夜来春睡浓于酒，压褊佳人缠臂金。"

瞧，假如一个吃货会写诗，连食物都会变得文艺至极。

苏轼他老人家有一首诗，大家都熟悉："竹外桃花三两枝，春江水暖鸭先知。蒌蒿满地芦芽短，正是河豚欲上时。"这首颇具浪漫主义情怀的七言绝句，原本写的是春天的美景，诗中有画，画中有诗，可在一枚超级吃货眼中，满满全是对美食的期待啊：既有春天的肥鸭，更有刚冒芽的芦笋、河豚，真可谓是一句一美食，一食一滋味。

对于这些生前既能处庙堂之中，又能闻得了人间烟火味道的超级美食大咖来说，身后能葬在譬如新郑这等既有古风又有美食的地方，想来也是人生一桩乐事吧。

跟明朝内阁首辅有关的"四八席"

新郑，历史悠久，有"黄帝故里""郑韩故城"之称。

新郑裴李岗遗址是中国20世纪100项重大考古发现之一。裴李岗遗址属于新石器时代早期文化遗存，距今约8000年；新郑郑韩故城，也是中国20世纪100项重大考古发现之一，保存有目前发现的中国最早的新型城墙防御设施，是世界上同一时期保存最完整、城墙最高、面积最大的古城。

在这样的背景下，新郑出了很多历史名人，明代中期的内阁首辅高拱就是其中代表之一，是新郑的骄傲。至今，新郑还留有阁老路、南街古巷等有高拱印记的路段、景点。

而新郑当地的民间宴席"四八席"，据说也因高拱的一次接待任务而成为当时的"王炸美食"。

新郑"四八席",也叫"四八喜宴",属于传统豫菜,做工讲究、风味独特,有"食客知味停车,行人闻香下车"之美誉。

"四八席",每席以八人为限,以用餐具32件而得名"四八",有四红四喜、八方来财、四平八稳之说。相传,明隆庆帝有一年到新郑拜祖,住在了八卦洞。高拱为搞好接待工作,召集了当地的数位乡村名厨"拼席":厨师们各做一道"四八席"中的拿手菜肴,合力完成接待大任。当隆庆帝品尝了以新郑当地小吃为主,再加上干鲜果品搭配的"四八席"后,赞不绝口。由于得到皇帝的亲口点赞,"四八席"一跃成为当时的热搜美食之一。

"四八席"的席面排场因主家的经济情况、待客习惯等的不同而稍有出入,一般为32道菜,以鸡、鱼、肉等荤菜为主,烹饪方法以蒸为主。每场席面的名称以第一道主菜选料为宴席名称,如"鸡四八""参四八"等。用鸡丝者为"鸡四八",用海参者为"参四八"。

鸡、鱼、肉等制成半成品上笼蒸一个小时以上,蒸熟、蒸透后,扣在大碗中,浇上汤汁后上桌。如鸡煮熟后,撕成丝,放到备好的碗中摆出形状,放入笼中,要蒸1个小时以上,方可取出,并反扣到大碗里,再加上汤料,还是蒸前形状,口味却大变,非常香酥可口。汤汁是用老汤加不同的佐料做成的。老汤用母鸡熬煮两三个小时之后备用,然后根据不同的菜品,在老汤内分别加入酱油、醋、木耳、胡椒、香菜、鸡蛋皮、青菜、香葱等佐料调配熬煮后,再浇到扣出的蒸菜上。

"四八席"在礼俗上很有讲究,上整鸡的寓意是"吉祥如意、大吉大利",而上整鱼则寓意"年年有余"。整鸡、整鱼两大件的摆放也是乡俗文化的代表:上整鸡时,鸡头要朝向主客,整鱼的鱼头要朝东南方向,鱼的腹部或背部朝向主客,有"文腹武背"之说。

新郑"四八喜宴"是中原民俗的风情缩影,具有较强的仪式感,也是新郑人魂牵梦绕的家乡记忆和难以割舍的乡土情怀。

秋来红枣压枝繁,堆向君家白玉盘

红枣长寿肘、蜜枣、八宝软米寿糕、枣花馍……"四八席"上,枣,或是甜品,或是主料,是宴席上出现频率最高、存在感最强的甜品、主料,体现了浓浓的新郑特色。没错,因为新郑就是大枣之乡,全国知名大枣品牌"好想你"就出自新郑。

枣,是中国土生土长的水果之一,也是中国人获取甜味的最早的调味品之一。从新郑裴李岗文化遗址中发现的枣核化石,证明了枣在新郑的种植、使用至少已有 8000 多年的历史。

枣,亦被称为"铁杆庄稼",在先秦两汉时期,就已经被广泛种植、食用。《诗经·豳风·七月》中就有"八月剥枣,十月获稻"的诗句;《礼记》在训导晚辈侍奉长辈的规矩中,有"枣、栗、饴、蜜以甘之"一条;《韩非子·外储说》还记载了秦国饥荒时,应侯范雎请求用枣栗救民的故事:"秦大饥,应侯请曰:'五苑之草著、蔬菜、橡果、枣栗,足以活民,请发之。'"《战国策》中有"北有枣栗之利，民虽不田作，枣栗之实，足食于民矣"的记载，足见枣在中国北方的重要作用。

也因此，中国饮食史上留下了很多跟枣相关的名品：软枣糕、柿糕（用柿子、大枣做成的糕点）、糁料（夹着大枣和豆类的一种糕点）、木蜜金毛面（狮子造型的甜枣糕）、大枣稠饧（饧糖的一种）、甑糕、枣姜汤等。

子推燕，也是枣馍的一种，在宋代还一度是寒食节、清明节的节令食品。子推燕，又名"枣花""枣山"，大小不一。做法是以发面盘条围枣成山状、鸟状，蒸熟，上插彩旗、画鸟，用柳条串插门楣，是枣馍的一种。

西周时期，人们已经开始利用红枣发酵酿造红枣酒，作为上

如今，枣花馍还被赋予了生日蛋糕的功能

乘贡品，宴请宾朋。

《武林旧事》记录了宋代宫中怀孕近七个月的嫔妃收到的御赐礼单，其中就有"枣儿五十斤"，礼单中的"吃食十合"里，枣大包子、枣浮屠儿、豌豆枣塔儿等大枣零食占了多数。

大枣还有一定的药用价值。中医认为，大枣性甘、温，归于脾、胃经，具有补中益气、养血安神、缓和药性的功效。在临床上可以用来治疗脾虚证导致的疾病，还可以用来治疗血虚导致的面色萎黄和妇女脏躁证。此外，还有保护胃气、缓和药物毒性的功效。因此，很多经方中用大枣、生姜作为药引，调和诸药、补益脾胃。

无论作为水果，还是作为粮食作物，枣，既可以风情万种，也可以独领风华。当年欧阳修在《寄枣人行书赠子履学士》中写道："秋来红枣压枝繁，堆向君家白玉盘。甘辛楚国赤萍实，磊落韩嫣黄金丸。"没准，欧公就是一边吃着新郑的大枣，一边写着盖世雄文的。

在新郑，凡食皆可入枣。以枣为媒的枣花馍不仅是当地的特色饮食，枣花馍制作技艺还是非物质文化遗产代表性项目。

新郑的传统枣花馍是把发好的面擀成圆片，从中间切开，把切开的两个半圆相对，用筷子从中间一夹，就成了一朵四瓣花，在每个花瓣上扎上枣，就成了枣花馍坯；把枣花馍胚挤成圆山形，蒸后一层一层摞起来，称为枣山。

还有的是把发好的面擀成片，折叠起来，叠成五瓣、四瓣、三瓣的花朵样，再嵌上大红枣，便是"枣花"；再把叠成的大大小小的"枣花"套在一起，便成为枣山。

　　枣花馍，可吃，也可作为供品，还用来串亲访友。在新郑，有些乡镇也把枣花馍称作"枣花糕"，"因为做出的形状像朵花，而且是用个大、肉多的大红枣做的，所以称为'枣花糕'"。枣花糕有上坟用的，有祭灶用的，有给出嫁的闺女回门用的（意思是节节高）。

　　新郑孟庄，"枣山"是正月初二回娘家时，妈妈送给外孙的礼物。这个"枣山"礼物要一直送到外孙长到12周岁。寓意很简单，外婆希望自己的外孙靠着"枣山"，平平安安、健健康康长大成人，生活幸福得就像花儿一样，圆满、康乐！

枣花馍

人间有味是清欢

新郑"四八席"上，不管蒸酥肉、粉蒸肉，还是豆腐烩猪杂、花肉豆腐条等菜品，豆蔻、丁香等香料的使用是必不可少的。

但如果告诉你，豆蔻、丁香也是制香中的重要香料之一，你会不会很意外？

一座有千年制香历史的古村庄

将所选木料刮去树干表皮与附土污垢，砍碎切片，水洗净化，过滤杂物，滤水晾干，碾磨成粉，装袋备用……新郑市龙王乡耿坡村，72岁的耿发旺，每天都在重复着这个制香流程，由于坚持纯手工制作，因此制作一盘好香往往要花费一个月的时间才能完成。

耿坡村是远近闻名的制香村，是中原传统香品生产的主要基地，据传已有上千年的制香历史。根据该村现存的古香坊、老香印和耿氏族谱等遗址遗物鉴定推算，明末清初时期，耿氏香产业就已达兴盛期。

耿发旺，是河南省非物质文化遗产代表性项目"传统香制作技艺"传承人，从事制香手艺50多年的他，由于爱香痴狂，人送绰号"耿疯子"。

耿发旺坚守的手艺是当地的传统香制作工艺，以榆木、柏木、檀木、杏木、椿木、楝木、梨木、松木、沙木等木料粉为主要原料，按不同配方掺成混合粉，然后分别加入不同的中草药粉，制出各种香品，整个制香过程有几十道工序。制作出来的香，主要用于宗教、节日祭祀、家庭生活和计时等。

因为耿坡村传统制香选用的木料粉和中药粉（包括色素）都是纯天然配料，且木质本色都为姜黄色，所以，所制香品色泽自然，其焚熏的烟气有"悠然凌空去，缥缈随风还"之美象；闻之香气，则有"疏影横斜水清浅，暗香浮动月黄昏"之妙。

河南省省级非物质文化遗产"传统香制作技艺"代表性传承人耿发旺制作的中华盘龙香

"呵呵"，居然宋代就已经流行了

香，与茶一样，是中国古代文人特有的表达自己精神世界的一种物化表现。

自先秦时，从士大夫到普通百姓，无论男女，都有随身佩戴香物的风气。《礼记》说："男女未冠笄者，鸡初鸣，咸盥漱，栉，纵，拂髦，总角，衿缨，皆佩容臭。"容臭，香物也，以缨佩之，即后世谓之香囊者。周代，少年拜见长辈先要漱口、洗手，整理发髻和衣襟，还要系挂香囊，避免身上的气味冒犯长辈。

《诗经》《楚辞》中多有对香木香草的歌咏。"扈江离与辟芷兮，纫秋兰以为佩"，正是屈原在《离骚》中借自己佩戴香花美草来表示不与小人同流合污，保持自己高洁品性。

由于社会风俗使然，所以，古代制香业颇为发达。到了宋元时期，制香艺术达至巅峰，达官贵人和文人墨客经常相聚品香，专门研究香的来源、载体、工具和制香法的各式香书、香谱也在此时集中出现。

宋人爱香，上至皇室下至平民，都对香痴迷不已。不仅喜欢买香、焚香，更是亲自动手制香。不少文人士大夫，都有一些经典的制香秘方。宋人吴自牧在《梦粱录》中记录："俗谚云：'烧香点茶，挂画插花，四般闲事，不宜累家。'"点出了宋代文人雅致生活的"四艺"：品香、斗茶、挂画、插花。

在欧阳修面前以"门人"自居的苏轼既爱美食也爱香，还是我们今天网络聊天语言"呵呵"的鼻祖。

"竹萌亦佳贶（赠之意），取笋、蕈（一种菌类）、菘心（白菜心）与鳜相对，清水煮熟，用姜、芦菔自然汁及酒三物等，入少盐，渐渐点洒之，过熟可食。不敢独此味，请依法作，与老嫂共之。呵呵。"这是苏轼在《与钱穆父》书信中，教人家做菜呢。最后，还很调皮地提醒友人：你一定要跟老嫂子共同做菜、共同品鉴啊，呵呵。最后以"呵呵"结尾的信件，《苏轼全集》中还有不少。

这么一位文坛领袖级人物，爱生活、爱美食、爱做饭，又这么调皮，钱穆父一定是上辈子拯救了银河系，所以这辈子才成了被苏老师惦念的好友了吧？

热爱生活的苏老师不光会做菜，还擅制香，是一位"骨灰级"香客。中国古代有几款较为著名的香品，分别是"雪中春信""黄太史四香"和"返魂梅"。其中，"雪中春信"便是苏轼亲手调制，

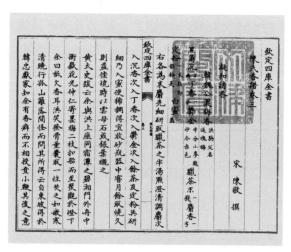

被《陈氏香谱》记载的黄庭坚与苏轼的一段"香趣"

能于雪天看到梅花开之意境，闻到其香气高远，因此，被他的好朋友黄庭坚命名曰"雪中春信"。

"返魂梅"原名"浓梅香""韩魏公浓梅香"，苏轼从韩琦处得到配方后传于好友惠洪，黄庭坚在惠洪处闻到此香，便与苏轼一通"互怼"：知道我有"香癖"却不传授于我，简直太过分！（"知余有香癖而不相授，岂小鞭其后之意乎！"）一生痴迷于香事的黄庭坚后来觉得"浓梅香"之名"其意未显"，遂把"浓梅香"改名为"返魂梅"。

人间有味是清欢

中国传统制香，为了达到安神辟秽的效果，大多要在香料中加入纯天然的中药粉，且基本以药食同源的药材为主，比如沉香、木香、檀香、丁香、豆蔻、砂仁、藿香等，可以入药，亦可以入食，既有安神、醒脾之效，又有辟秽、化浊之功。

苏轼自制的"闻思香"配方中就包含丁香、豆蔻、檀香、元参等。

据传，苏轼在海南任职时，常至儋州"息轩"中焚香静坐，他于"息轩"中所题"无事此静坐，一日似两日。若活七十年，便是百四十"一诗，据说就是苏轼在焚香静坐中的感悟。

弟弟苏辙六十大寿时，苏轼还以海南沉香为料，亲手制作了一种印香，作为寿礼送给苏辙。

由于很多中药香料属于"药食同源"体系，因此，古代以沉香、檀香、丁香等香料入馔的食物不胜枚举，桂沉浆、白梅汤、沉香水、梅子丸、梅花汤饼等都是史上较为有名的"香味"饮料、美食。

《武林旧事》记载，在临安（今杭州市）的夏日，"沉香水"作为一种解暑饮料，在街头小巷到处都有售卖。

南宋林洪在《山家清供》中记载的"梅花汤饼"，是用浸泡白梅、檀香末的汁水加鸡汤和面做出的面条："初浸白梅、檀香末水，和面作馄饨皮，每一叠用五分。铁凿如梅花样者，凿取之。候煮熟乃过于鸡清汁内。每客止二百余花，可想一食亦不忘梅……"面条里既有梅花的清远之气、檀香的空谷之香，又有鸡汁的浓厚之醇，这样的醇厚、醇香、醇美之味道，虽不能得，然仍令我等现代人心向往之……

"细雨斜风作小寒，淡烟疏柳媚晴滩。入淮清洛渐漫漫。　　雪沫乳花浮午盏，蓼茸蒿笋试春盘。人间有味是清欢。"

神宗元丰七年（1084），苏轼在黄州（今湖北黄冈）贬所过了四年多谪居生活之后，被命迁汝州（今属河南）团练副使。这首《浣溪沙》词，即作于当时。苏轼一生，三次贬谪，六十二岁还被贬海南，但这些困顿从未消磨掉苏轼对生活的积极态度，在苏轼的笔下，风景、美食、书画、香事，永远都是美好生活的代表，也永远是他旷达、洒脱的"三观"代言。而这些生活的"小欢喜"，恰好证明：人间值得。

还好，生活总有小欢喜；还好，人间有味是清欢！

"天地之中"说素斋

相传，早在一千多年前，少林寺和尚就曾用八宝酥款待过唐太宗李世民，并被李世民盛赞为"稀世奇味"。

"天地之中"的传奇

提起登封，脑子里最直接的条件反射就是嵩山少林寺以及神奇的少林功夫。

在金庸"飞雪连天射白鹿，笑书神侠倚碧鸳"的武侠世界里，少林一派是正统门派的代表，是武林精神的象征，而"扫地僧"的出现更是为少林寺笼上了一层"五彩祥云"。

但登封的传奇绝不仅于此，"中国"的名称以及河南人说的"中"也和登封的"天地之中"有关。

中国古人认为地是平的，大小是有限的，这样，大地表面必然有个中心，这个中心就叫"地中"，登封的周公测景台和登封观星台是中国人"天地之中"宇宙观形成的最直接、最具说服力的证据，也给了河南人无比的傲娇。从此，在认可某种观点，或者赞赏某个人、某件事的时候，河南人便以"中"这个字眼来表明态度。而受"地中"观念的影响，中国人逐渐形成了自己位于"天下之中央"的传统认知，"中国"这一国家名称的形成与此便有着直接的关系。

周公测景台是西周时期周公姬旦为测日影定"地中"而命人修建的土圭，唐代在其旧址仿旧制建成了留存的石圭测景台；观星台则为元代天文学家郭守敬所建，是当时 27 个天文观测站的中心观测点，见证了当时世界上最先进的历法——《授时历》的测量演算历史，是中国现存最古老的天文台，也是世界上现存最早的观测天象的建筑之一。

2010 年 8 月 1 日，在巴西召开的第 34 届世界遗产大会上，登封"天地之中"历史建筑群被正式列为世界文化遗产。

登封"天地之中"历史建筑群是以"天地之中"理念为核心，以嵩山为背景所形成的多种文化景观，以场所精神体现的文化遗产聚落，包括太室阙和中岳庙、少室阙、启母阙、嵩岳寺塔、少林寺建筑群（常住院、塔林、初祖庵）、会善寺、嵩阳书院、观星台等 8 处 11 项历史建筑，涉及砖石结构、木结构、石质文物等众多建筑类型，同时还包括了金石文物、古树名木、壁画、玉器等大量附属文物，遗产年代横跨了秦、汉、唐、宋、元、明、清，至今已有 2000 多年历史，从各个侧面勾画出完整的中国文化演进的历程，是人类政治、思想、文化创作智慧的集中反映。

"天地之中"历史建筑群是中国儒家文化、宗教文化的杰出代表，其中，以中岳庙为代表的道教文化、以少林寺为代表的佛教文化，对素斋、水席在嵩山一带的流行有着直接的影响。

一切从浴佛节说起

农历四月初八，是浴佛节，又称佛诞日、佛诞节等，是佛祖释迦牟尼诞辰。传说释迦牟尼佛降生时一手指天、一手指地，大地为之震动，九龙吐水为之沐浴。故后世佛教徒常以浴佛等方式纪念佛祖诞辰。

中国人的所有节日，都离不了吃，浴佛节也是如此。跟如今统称"素斋"不同的是，在古代，浴佛节是有特定食物的。

食物一：指天馉馅

自唐代起，浴佛节便有信徒吃"糕糜"之俗。糕糜，就是用面粉、米粉制成的块状或团状糕点的统称。

五代时，开封、嵩山等地开始用"指天馉馅"做浴佛节的食品。至北宋，"指天馉馅"则渐渐替代"糕糜"成为浴佛节的节令食品。

"指天馉馅"是素包子的最早称呼。"指天"为食物之形，含承接西天之意；"馉"为熟食；"馅"为包裹在中间的芯，是包子形成过程中初始之名。

北宋徽宗之前，是没有素包子称呼的。那时候，所有素馅包子（包括豆馅包子）统统被称作酸馅或馊馅。后来，首都汴京城内的广大人民群众受主流思潮的影响，认为"六贼之首"蔡京无能，篡权误国，是个混账草包；又因为蔡京爱吃包子，且"蔡"与"菜"同音，于是，有一天，城内卖酸馅的忽然冒出了一个新式叫卖声音："卖一包菜、一包菜喽！"也不知道蔡京怎么得罪卖酸馅的了，反正，卖酸馅的因为恨蔡京，就把蔡京当"菜包子"卖了。从此，"一包菜""菜包"就成了蔡京的专有称谓。时间长了，渐渐地，菜包、素包子代替了酸馅，成了素菜包子、豆馅包子的统称。

食物二："阿弥饭"

北宋，浴佛节已成为僧民共庆的节日。当时，相国寺、少林寺这类的大禅院中都有浴佛斋会，寺庙还专为香客们准备的有"浴佛水"——不是洗石佛的清洁用水，是用香料煎的、可以喝的糖水。

元代之后，香水黑糕、乌米饭等类似于粽子类的食品又代替了"指天馊馅"，成为浴佛节的节令食品。香水黑糕又叫不落荚，以糯米、粳米、黑糖、蜜、红枣为之，是一种与粽子同类的凉甜黏食。在民间，很多人在这天要吃乌米饭。乌米饭还用来供佛，又称"阿弥饭"。乌米饭可能是把黑黍用天南竹叶等植物叶子加水浸泡后蒸熟的一种饭。其味道清香，沁人心脾。

专业素斋从梁武帝开始

斋饭就是对佛教徒日常食用素食的专有称呼。佛教徒食用素食，是从南朝梁武帝开始提倡并影响至今的。

梁武帝是一个虔诚的佛教徒，他认为食肉就是杀生，是违反佛教戒律的，因此，他借助皇权势力禁止僧侣食肉，大力提倡素食。在他的力推下，出现了专门研发素食系列菜品的厨师，当时，建康（今南京）建业寺中就有一位擅长烹制素菜的香积厨（僧厨的别名），他可以用一种瓜做出十几种菜，每种菜又能调出十几种味道。

到了唐代，对斋饭品质的追求随着古寺名刹经济实力的逐渐雄厚发展得更加精致，"三春一莲""烫春芽"等都是较早的寺庙名肴。"三春一莲"即煎春卷，馅用豆腐干、面筋、野菜，皮用青菜叶或者油皮；"烫春芽"是用佛香椿的嫩芽制成；还有用松蘑、荸荠、春笋烧成的"烧春菇"和用自家寺庙莲池中的白莲制成的"白莲汤"等，都是名目素雅、制作考究的著名斋品。

豆腐、面筋是素菜荤做的主食材，对斋饭的发展起着重要作用。

豆腐是中国人对人类的重要贡献之一。目前出土的汉代壁画和汉代水磨都直接证明了早在汉代，中国就已经具备了制作豆腐的条件。豆腐营养丰富，价廉物美，且容易入味，是普通家庭和寺庙斋饭常备菜品。

面筋创于梁武帝时期。面筋是由植物蛋白中的麦胶蛋白与麦麸蛋白组成的，不溶于水，但浸水后膨胀而富有弹性，可塑性极好，可以加工成各种形状，所以它是各种托荤菜（现称为仿荤菜）所不能少的，其味道也接近于肉，蛋白含量也很高。宋《山家清供》有一道"假煎肉"，就是把葫芦切成薄片，用肉脂去煎，再加入葱、椒、油一起炒，这样的菜看上去像肉，味道也和肉很接近。

宋代，为满足越来越多的佛教徒的需求，市井饮食开始经营和发展全素菜肴，素食到了宋代得以大放异彩。无论是北宋首都东京（今开封），还是南宋首都临安（今杭州），街头都有专卖素食的饮食店。《都城纪胜》说："素食店专卖素签、头羹、面食、乳茧、河鲲、脯插、元鱼，凡麸、笋、乳、蕈饮食，充斋素筵会之备。"《梦粱录》亦载有"荤素从食店"，卖"麸笋丝""假肉馒头""笋丝麸儿""山药丸子""假羊事件"（"事件"即鸟兽脏腑）"假驴事件"。仅《梦粱录》中记载的临安专卖素食店铺的素肴名馔就有三四十种，不仅鸡、鸭、鱼、肉以及"假凉菜腰子""假煎白肠"等动物内脏皆有仿制品，就连骨头也有仿制品，比如仿制的排骨面"素骨头面"等，应有尽有。素食的发展在当时不仅自成派系，且几乎达到无荤不能仿的境界。

到了清代，寺庙的素食烹饪技术达到巅峰。而一些寺庙也不再满足自己的口腹之欲，开始把素斋投入商业经营中。比如，以黄豆为主要原料，制成豆腐皮、豆腐、豆腐干、豆筋等，以附近所产冬菇、金针菇、木耳、玉兰片为辅料，仿制成禽畜菜肴，甚至连猪皮都能仿制。僧厨将千张用细麻布捆扎，加热后在千张上留下类似肉皮的细密毛孔，然后用以制作素火腿、素酱肘子、素烤鸭等名肴。

以"素"乱"荤"的素斋，造型也很唯美

素食的兴盛一方面是由于佛教徒的需求，一方面也是由于士大夫的推广。唐代与唐之前，士大夫大多以肉食为美，但到了宋代，文人学士受政治环境、饮食环境的影响，常把蔬食之美喻成"林下风"，即把素食主张与隐士清高的品格联系起来，认为与自己所行之道相吻合，将其提到修身、从政的高度，并把这种思想汇集成诗文传世，一定程度上助推了素食在中国古代的发展、兴盛。

如今，嵩山一带，素斋依然占据一定市场份额。这是一份由当地禅武大酒店提供的素斋菜单：凉菜有功德素火腿、莲花素鲍鱼、糯米莲藕、捞汁霸王花、桂花小米糕、佛门素烧鹅、巧拌竹菇、冰草拌桃仁，热菜有水煮素鱼、梅菜素扣肉、东坡素肘、菌王佛跳墙、铁板地三鲜、藕苗爆龙爪菌、菜心扒松茸、罗汉上素，汤有太极蔬菜羹，主食有风味千层饼、荠菜窝窝头。

其中的扣肉、火腿、鲍鱼、肘子、腊肠等"荤菜"，自然并非真正的荤菜，而是用豆制品、菌类等素菜制作而成的。素烧鹅其实是一道素食名菜，清末袁枚曾在《随园食单》中记录："煮烂山药，切寸为段。腐皮包，入油煎之。加秋油、酒、糖、瓜、姜，以色红为度。"菜单上的"佛门素烧鹅"是用豆制品和淀粉合成的一个象形菜。

"菌王佛跳墙"则是用多种名贵菌类烩制的一道汤菜。"佛跳墙"在中国烹饪史上可谓鼎鼎大名，宋代即有。《事林广记》记载："精猪、羊肉，沸汤焯过，切作骰子块，以猪、羊脂煎，令微熟，别换汁，入酒、醋、椒、杏、醢料煮干，取出焙燥。可久留不败。"这道菜，实际上是一种猪肉或羊肉干。取"佛跳墙"的菜名，本意就是形容这道菜具有强大的诱惑力，能使僧人"跳墙"去取食。

数百年后，约清代道光年间，福建再创"佛跳墙"菜品，如今已是闽菜名品。通常选用鲍鱼、海参、鱼唇、牦牛皮胶、杏鲍菇、蹄筋、花菇、墨鱼、瑶柱、鹌鹑蛋等食材，加入高汤和福建老酒，文火煨制而成，与宋代的"佛跳墙"实属名同实异了，但也足以说明"佛跳墙"的菜品实在是起得好、起得妙！

顾名思义，"菌王佛跳墙"也是借用此意。假如连僧人都会闻香跳墙而来，这菜品该是有多诱人啊，想想，都令人垂涎欲滴。

少林八宝酥

少林八宝酥是素食的一种，是登封少林寺和尚以灵芝、猴头菇、银耳、白果、黑木耳、嵩菇、茯苓等山珍制成的香酥食品，总称为少林八宝酥。

灵芝补肝气、益心气、养肺气、固肾气，能抗老延年；猴头菇养胃、健脾、化痰、抗癌，能提高机体免疫力，延缓衰老；银耳能滋阴润肺、益气养胃、强心补脑，是扶正强壮之补药；黑木耳可滋阴益胃、补气强身、补血止血；香菇可补肝肾、健脾胃、益智安神、增强抵抗力；茯苓能健脾和胃、宁心安神抗衰老；嵩菇能益肠健胃、止痛理血、强身健体、延缓衰老。因为它们都是滋补良药，交替食用，能起到强筋活络、延年益寿的奇效，所以，一直被武僧当作强身之宝，成为少林寺和尚的传统食品。

相传，早在一千多年前，少林寺和尚就曾用八宝酥款待过唐太宗李世民，并被李世民盛赞为"稀世奇味"。

少林八宝酥

唐武德三年（620），被封为秦王的李世民奉命出兵潼关，进逼洛阳，讨伐自称郑王的王世充。李世民为刺探军情，扮郎中沿途察访，不料被王世充的侄儿王仁则捉拿，囚禁在洛阳。少林寺志操、昙宗、觉远等十三棍僧得知这一情况后，夜入洛阳，救出李世民，并且帮助秦王扫平天下，为大唐的统一立下了许多战功。李世民登基后，不忘旧谊，对少林寺大加封赐，并准许少林寺养兵五百，还特别恩准少林寺和尚可以吃酒肉、开杀戒、参政事，又在寺中立起了御碑，把自己的这些敕令一一勒刻于碑，以昭示后来之君和天下官吏、百姓。

唐贞观三年（629），李世民带领满朝文武官吏来到了少林寺。在少林寺隆重准备的接驾宴席上，太宗皇帝唯独对少林八宝酥情有独钟，称："真乃稀世奇味也！"

被唐太宗誉为"稀世奇味"的少林八宝酥，到了晚唐年间，在唐武宗灭绝佛法的风潮中，也未能逃脱厄运暂时失传了。近年来，少林食品厂根据史料记载，又经少林高僧德禅大师及素喜、永真等禅师的指点，使得"稀世奇味"终于重见了天日。

而自带历史和文化"高光"的少林八宝酥一经推向市场，立即成为爆款，深受老百姓的欢迎，如今已经成为河南特色休闲食品的大 IP。

"叠"起来的果子

大概就是因其甜蜜的口感，于是，"折叠果子"便被赋予了一层未来的生活像蜜一样甜美、夫妻琴瑟相和的寓意，并成为登封传统婚俗中的主要内容之一。

定亲送礼，"果子"先行

"送红礼"，是嵩山地区传统婚俗"六礼之仪"的其中一"礼"，是指在男女双方成亲的前一天，男方要"送红礼"（简称"送红"）给女方。

但十里同乡不同俗，在登封市，以市中心为分界线，东乡的"送红"是送"果子"，西乡的"送红"则是送"喜面"。

按照东乡"定亲送礼，果子先行"的传统婚俗，"送红"当天，男方要根据女方家族以及亲朋的人数，确定好要送的"果子"的数量，然后选派数位青壮后生每人挑一担两斗的"果子"，由准新郎带领，排成队列浩浩荡荡送到女方家中。女方接到送去的"果子"后，还要好生款待"送红"的贵宾。

由于只有即将出嫁的姑娘家才能享受到送"果子"的礼遇，因此，当地还流行这样一句俗语："养个姑娘，就是养个果子篮。"

不过，这个"果子"，并不是水果，而是当地一种叫折叠果子，也称为蜜食的点心。

制作折叠果子，要用食用油、鲜鸡蛋、白酒打浆，与小麦面粉搅拌，反复抄、捶打，和匀并揉成小面剂后，醒面15分钟左右，再用擀面杖擀。

使用擀面杖时，要先用短擀面杖推擀，然后再用约1.2米长、如大拇指般粗的大擀杖，把面饼推擀成大如蒲团、薄似蝉翼的面皮后，再把擀好的圆圆的薄面皮一层一层地叠摞在一起，然后把层层相叠的面皮切成大小相同的长方形的块状，再放进油锅炸至金黄色后，取出控油，最后敷上一层蜂蜜（或者饴糖），撒上脱皮白芝麻。

做好的折叠果子，外表晶莹剔透，口感酥脆软糯，那甜蜜芳香的口感霎时间就令人有了种"幸福就像花儿一样"的温暖和幸福。

大概就是因其甜蜜的口感，于是，"折叠果子"便被赋予了一层未来的生活像蜜一样甜美、夫妻琴瑟相和的寓意，也因此成为登封传统婚俗中的主要内容之一。

西乡的送红"喜面"是馓子，是将放了食盐和碱面的小麦面粉搓成如龙须面般粗细的长条，盘上几十乃至上百圈后，放入油锅中炸制的油炸食品，口感特点是"入口即碎，脆如凌雪"。

不过由于"馓"与"散"谐音，因此，现在不少西乡人在筹办婚礼时，渐渐把"喜面"也改为了折叠果子。

"果子"是源自北宋的古语

其实，从面点的品类上划分，登封西乡的馓子，郑州市区流行的蜜三刀、梅豆角、哈啦豆等也属于"果子"一类。

"果子"是对用小麦面粉制作（大部分需要过一道油炸的工序）的面点的统称。不仅登封把面食类的点心称为果子，新密、巩义、新郑、荥阳等地也依旧沿袭着把面食类的点心称为果子的传统。

千万不要小瞧"果子"这个称呼，这可是一个源自宋代的古语。

"果子"一词，始于北宋。不过在当时，果子是生果、干果、凉果、蜜饯、饼食的总称。虽然经过长时期的演变，果子的含义稍有不同，但本质没变。日本的果子叫法也是那个时候从中国传过去的。他们称中式果子为"中华果子""唐果子"，日式果子为"和果子"。

河南是中华文明和中华民族重要的发源地之一。由于历史悠久、人文积淀深厚，因此，河南相当一部分地区至今还保留有一些已经渐渐不再普及的古语和传统习俗，"果子"以及"送红"就是其中的典型代表。

在《东京梦华录》中，孟元老特意把果子和饮食并列在一起单列出来，既表明了果子在北宋饮食里的重要地位，同时也反映了宋代饮食的细腻精致。

果子之所以出现在饮食文化昌盛的宋代，主要是源于发酵技术和炒菜的相继出现、成熟、普及。北宋时，用发酵技术制作蒸饼、馒头等面食，用炒的方式制作菜肴的方法开始普及，改变了煮、炸、烤在宋以前长期霸占烹饪领域的状况。果子的出现是烹饪制作技术大幅度提高的一种表现，对中国饮食文化的发展具有承前启后的重要作用。

折叠果子——登封观星台"蜜食"

滴流儿水席

宴菜，也叫燕菜，是水席的第一道大菜，俗称"桌头"，属于扣碗一类。白色的剔骨肉炖煮过后，加工成丝状备用；把白菜（或者娃娃菜）、胡萝卜、海带、油炸豆腐等菜品切成丝状，与白色的剔骨肉一起翻炒，兑进适量骨汤料水、盐、五料粉、茴香粉等佐料，炒熟后，放入容器中上笼蒸制而成。成品宴菜吃起来有微微的苦味，这恰恰也是把宴菜放在首道菜品闪亮"出场"的原因：先苦后甜，才是奋斗人生的正确打开方式。

低调有内涵的"滴流儿水席"

"滴流儿水席"是嵩山西部一带最普及，也最能代表登封饮食特色的、低调有内涵的席面。

为什么叫滴流儿水席？"滴流儿"是当地的土话，意思是水漫出来了。由于"滴流儿水席"离不开汤汤水水，所以，当地人

175

称"滴流儿水席"。

作为登封饮食的代表之一,"滴流儿水席"已经成了登封独特的人文现象,它的汤汤水水、苦辣酸甜咸,实际上都是中国农耕文明的一种体现,也是迄今为止郑州地区保留下来的最完整、最古老、最具特色、最有风味的名宴之一。

关于"滴流儿水席"在登封的流行,历来有两种说法,一是大禹治水;二是夏朝第六代国君少康,以及春秋时期的郑国大夫颍考叔。

登封市地方史志办公室研究员吕宏军介绍,大禹治水成功后,建立了中国第一个王朝——夏朝,为了感谢各部落首领在治水过程中所做的贡献,大禹决定在都城阳城(今登封告成)宴请天下。

由于四方部落首领届时都要来嵩山朝贺,人数众多、口味不同,因此,如何做到一宴之上众口好调是个难事儿。最后,大禹的一句话轻松解决了大家的困惑:"既然众口难调,那就在做菜时,把苦、辣、酸、甜、咸五味备好;想让大家能吃到一样的菜品,那就铸几个大鼎,一次在鼎中把菜做成。这样既能保证每位客人能随到随吃,又能保证大家吃到的基本是一个口味。"

负责设宴的下属问:"在一个大鼎中做菜,烧的时间长了,菜就会糊到鼎的底部,那可如何是好?"大禹道:"你跟随我治水这么多年,竟不知道用水,真是愚人一个啊!用大鼎做菜,为防糊底,可先行对食材进行加工,然后再放入大鼎之中,用水加各种佐料煮,这样做出来,既能保证菜品不失其本味,又可在煮制中增加苦、辣、酸、甜、咸,以定五味。更重要的是以水做菜,宴请天下,

176

庆祝治水成功，最后大家把鼎中多余的汤水喝掉，也寓意着以后再也不用担心有水灾发生了。""嵩山不一般水席"便由此而来。

而据《登封民俗志》记载，"滴流儿水席"的盛行则跟夏朝的第六代国君少康，以及春秋时期的郑国大夫颍考叔有点关系。

据《登封民俗志》记载，因先帝被奸臣寒浞杀害篡位，少康发愤图强，矢志复国。他先在有仍氏麾下担任牧正，继而在有虞氏首领虞思手下当庖正（厨官），掌管厨师，深研膳理。后来，少康以纶（今登封颍阳）为根据地，招募军士，厉兵秣马，终诛杀寒浞，夺回天下，史称"少康中兴"。少康根据纶氏地区人民喜食酸辛、多饮汤水的生活习性，创造了"有荤有素、素菜荤做；有汤有水、有冷有热"的独具嵩山特色的"滴流儿水席"。少康因中兴夏朝，"复禹之绩，祀夏配天"（《左传》），被当地百姓尊为"城隍神"，供奉于城隍庙内，历代奉祀，香火不绝。

春秋郑庄公时期，登封属郑国管辖，郑国大夫颍考叔掌管今登封颍阳、君召、石道、大金店一带。当他听说庄公把母亲武姜安置在城颍，并且发誓说"不到黄泉不再见面"的事情后，就去求见郑庄公。庄公赐他饭食。颍考叔在吃饭的时候，就故意把肉留着，准备打包带走。庄公问他为什么，颍考叔答道："小人有个老母亲，我吃的东西她都尝过，只是从未尝过君王的美食，我想带给她尝尝。"庄公说："你有母亲可以孝敬，唉，唯独我就没有！"颍考叔说："请问您这是什么意思？"庄公把原因告诉了他，还告诉他自己已经后悔了。颍考叔答道："您有什么担心的！只要挖一条地道，挖出了泉水，从地道中相见，谁还说您违背了誓言呢？"

这段史上著名的"掘地见母"的故事，被记载于《左传》中。由此，不仅成就了颍考叔"纯孝千古第一人"的美誉，还使得登封人赴宴吃"滴流儿水席"时"往家捎肉夹馍"成为习俗并延续至今。

水席的哲学：先苦后甜

"滴流儿水席"的选料极为广泛，萝卜白菜、豆腐粉条、山药莲藕、红薯淀粉、青椒番茄、芹菜芫荽、鸡鸭鱼肉、海鲜菌菇、时令蔬菜等，均可作为"滴流儿水席"的原材料而上桌宴客。

"滴流儿水席"，全席八凉八热八汤，共24道菜，除8个冷盘下酒菜外，其余8大盘和8小碗盘盘有水，碗碗带汤，色味各异，别具一格。"8大盘"即宴菜、红肉、金针（汤）、酱肉、海带丝（汤）、大酥、小酥、八宝饭；传统"8小碗"即肉丝汤、肉片汤、腰花汤、肚片汤、玉米仁汤、红枣汤、百合汤等。

宴菜，也叫燕菜，是水席的第一道大菜，俗称"桌头"，属于扣碗一类。白色的剔骨肉炖煮过后，加工成丝状备用；把白菜（或者娃娃菜）、胡萝卜、海带、油炸豆腐等菜品切成丝状，与白色的剔骨肉一起翻炒，兑进适量骨汤料水、盐、五料粉、茴香粉等佐料，炒熟后，放入容器中上笼蒸制而成。成品宴菜吃起来有微微的苦味，这恰恰也是把宴菜放在首道菜品闪亮"出场"的原因：先苦后甜，才是奋斗人生的正确打开方式。

大酥的特点是香酥、嫩滑、爽口、肥而不腻。做法也很讲究，

宴菜

是先把选好的五花精肉切成条块，拌上鸡蛋、淀粉、料酒腌制 20 分钟，放入油锅，中火炸透放凉后，下锅慢蒸，蒸透备用。一碗酥肉出锅时香气外溢，色泽鲜艳，吃起来酥而不烂、肥而不腻。

小酥，是将猪肉剁成肉馅儿，打入鸡蛋；将事先准备好的硬蒸馍揭皮，揉碎成馍花，过筛后与肉馅、面糊兑在一起，用手均匀圆成丸子状，递次下入沸油锅炸至半熟，放凉上笼蒸熟即可。

八宝饭也叫甜饭，也就是糯米甜饭，是水席中必上的一道甜品，是用江米配上蜜枣、红枣、葡萄干、莲子、果脯、青红丝等蒸制而成的。

鸡瓜子汤是把鸡脯肉用刀背砸成糊状，再用高汤炖煮的鸡茸汤，吃起来爽滑细腻，松软可口，很受老人、孩子的欢迎。

绵枣，是采摘于嵩山上的野生植物，属于嵩山特产。用野生绵枣为主料加工而成的绵枣汤甜而不腻，滑爽清香，绵枣则香糯绵软，且因具有滋补养颜、清肺消肿、活血解毒等功效而颇受女士的欢迎。

虽然各家的水席菜品不尽相同，但最后一道"送客汤"基本都是一碗酸爽利口的鸡蛋汤。一则为了清口，清一清食者满口的荤腥油腻；二则，把鸡蛋液搅匀了洒于锅中，黄灿灿的，浮于碗上，寓意大吉大利。

而随着24道菜品的结束，水席由苦到甜的"沉浸式人生体验"也随之告一段落。

"滴流儿水席"是在登封当地的民间宴席上不断发展而来的，而登封人引以为傲的标志性动作就是把"滴流儿水席""搬到"了餐厅、酒店，并涌现出"嵩山不一般水席""颍阳水席"等一大批以当地水席为经营品种的餐厅、酒店，使得这道民间水席在知名度、美誉度上都迈上了一个新台阶，对家乡饮食的推广，对当地饮食风俗的传承、发展，都起到了不可估量的作用。

鸡瓜子汤　　　　　　　　　　　　绵枣汤

过年的仪式感从灶糖说起

在郑州的民间传统中，每年腊月二十三，有祭灶爷、灶奶奶的习俗，俗称"祭灶""小年""送灶"。旧时，腊月二十三是仅次于大年初一的重要节日，可以说，春节从祭灶这一刻就开始了。

祭灶与麦芽糖

"腊八、祭灶，新年来到，闺女要花，小子要炮，老婆儿要衣裳，老头儿打饥荒。二十三，祭灶官；二十四，扫房子；二十五，打豆腐；二十六，蒸馒头；二十七，杀只鸡；二十八，杀只鸭；二十九，去灌酒；三十儿，贴门旗儿；初一，撅着屁股乱作揖。"

在郑州的民间传统中，每年腊月二十三，有祭灶爷、灶奶奶的习俗，俗称"祭灶""小年""送灶"。旧时，腊月二十三是仅次于大年初一的重要节日，可以说，春节从祭灶这一刻就开始了。

祭灶的民俗由来已久，寄托了人们对幸福生活的追求。

早在周代，即有关于祭灶的记载，称"祀灶"。司马迁《史记》中记载，汉武帝为求长生不老，"始亲祠灶"。到了宋代，祭灶日被定在农历的腊月二十四。明清以后，则改为腊月二十三，并延续至今。

四季平安灶（民国）

由于灶王爷是负责管理各家灶火的"九天东厨司命灶王府君"，是玉帝钦差，代天司察人间善恶的官儿，所以，灶王爷一直被百姓视作家庭的保护神而备受尊崇。

腊月二十三，是灶王爷上天向玉皇大帝提交述职报告、工作总结的日子，在这份"年度工作报告"中，灶王爷不仅要陈述这一年来人间的喜怒哀乐，该点赞的要点赞，该批评的要批评，同时还要具体到每一家的是非长短。所以，这一天，老百姓是喜忧参半，喜的是一年忙到头，终于要过年了；忧的是，灶王爷、灶王奶奶上天汇报工作时，万一不小心给玉皇大帝打个小报告，那咱老百姓可是吃不了兜着走啊。"灶神亦上天白人罪状。"（晋《抱朴子》）

怎么办呢？于是，小年这天晚上，为了祈求灶王爷上天汇报工作时"好话多说"，黄昏时分就燃香祈祷，为灶王爷举行"送行仪式"。同时呢，还要用灶糖抹灶王爷像之口，用酒涂抹于灶门上，意思是用酒将灶君灌醉，用灶糖封灶君的嘴，也就是抹蜜的意思。

这个习俗早在宋代就很流行了，叫"醉司命"。

"二十四日交年，都人至夜请僧道看经，备酒果送神，烧合家替代钱纸，帖灶马于灶上。以酒糟涂抹灶门，谓之'醉司命'。"（宋《东京梦华录》）

虽说灶王爷是个钦差，可被安排在凡间管柴米油盐、欺公骂婆这些个家长里短的家务琐事儿，操的是卖白粉的心，拿的是卖白菜的钱，没权没钱的，说得好听点相当于居委会主任，说得通俗点就是小脚侦缉队，所以，灶王爷也挺委屈的。于是，就有了"灶君怨"的流行："一年没吃一点啥，临走又把嘴巴粘。神不扰民民欺神，封恶扬善付笑谈。"

由于十里同乡不同俗，所以祭拜灶王爷的诸多供品中，仅郑州境内，各地也多有不同。比如，郑州市区，多以灶糖为主；而在郑州的有些乡镇，祭拜灶王爷则除了灶糖外，还要准备几个甜烧饼、摆上白酒等供品。但无论时代变迁、祭拜仪式与供品如何变化，灶糖是永远的主角和流量担当。

"甘之如饴""含饴弄孙"，都跟麦芽糖有关

灶糖，是用麦芽糖加工而成的。麦芽糖，也称糖稀、糖瓜，古代称作"饴""饴糖"。

早在西周时，麦芽糖在我国的使用就已经很普及了，《诗经·大雅·绵》中就有"周原膴膴，堇荼如饴"之句，成语"甘之如饴"

灶糖

就出自此处。

成语"含饴弄孙"也跟麦芽糖有关。《后汉书·马皇后纪》："吾但当含饴弄孙，不能复关政矣。"

麦芽糖还是一味中药，甘温质润，主治脾胃虚寒、乏力气虚，有一定的补中益气、缓急止痛、润肺止咳的作用。所以，春秋时鲁国大夫柳下惠说麦芽糖"可以养老"。在中药方剂中，"小建中汤"的药物组成中，就有麦芽糖一味。民间至今还有把麦芽糖跟生姜同煎，预防和治疗风寒感冒、咳嗽的传统。

《淮南子·说林训》还记载了麦芽糖的另一种实用功能：粘门框。把麦芽糖粘在门框上，开门关门的时候就没有响声了。

麦芽糖虽然好吃却并不容易熬制，而且麦芽糖的药用价值也是根据熬出的成色判定的。从贾思勰所著的《齐民要术》中可以看出，当时中原人掌握的麦芽糖的制作技艺已经相当高超了。

按照《齐民要术》记录的麦芽糖的制作工艺，麦芽糖还有白、黑、琥珀等之分。白饧（即白色的麦芽糖）是用芽白色的小麦蘖做成的；黑饧则选用麦芽已转青的小麦蘖；要想做成色如琥珀的麦芽糖，则要选用大麦芽做原料；用米、稷米加工制作出来的麦芽糖，颜色则像水晶一样晶莹剔透。

用大麦芽熬成的麦芽糖，颜色褐黄像琥珀色。但经过不断摔打，就成白色，义乌人到现在仍称之为"白饧"，而别称蔗糖为"糖霜"。南朝梁陶弘景在其所编著的《本草经集注》中谓："其（麦芽糖）凝强及牵白者，不入药。""牵白者"正是牵打成白色的硬饴，即质地较硬的麦芽糖。

登封的灶糖，曾在故宫过大年

既有了糖瓜祭灶的传统习俗，也就催生了糖坊这一产业。在这一古老的塘坊作业中，登封非物质文化遗产——骆驼崖芝麻糖是典型代表，2019 年，曾作为非物质文化遗产代表参加"中华老字号·故宫过大年"的参展活动。

登封骆驼崖村，原名骆驼苑村，据传是唐代武则天御赐的古老村名，位于登封市东华镇西，村中尚有明洪武年间修建的凤冠寨遗址，以及明万历年间、清乾隆年间的几座残存碑刻。据《东店乡志》记载，糖坊是骆驼崖的传统食品加工业。但具体这一产业产生于何时，目前尚无文字资料参考。当地人口授：至少在明

故宫博物院原院长单霁翔品尝嵩山骆驼崖郑氏芝麻糖后，给予了高度评价

末清初，骆驼崖的糖坊就已形成了一定规模。鼎盛时期，村里较大规模的四五家糖坊中，制作工人能达到百人。

　　不过，传统的骆驼崖糖坊生产的糖瓜，只在腊月二十三前生产，按斤两出售。而在每年冬季的大部分时间，骆驼崖糖坊主要以生产芝麻酥糖为主。芝麻酥糖，也就是在特制的麦芽糖瓜上再粘上芝麻仁，在适当的室温下扭成两股，中间留一圆圈，然后放入低温室成形。当时的芝麻酥糖以重量大小论价，一般分一两、二两、半斤、一斤定制，也有用刀切成糖三角的，但糖三角的不带芝麻仁。

　　现在市场上销售的骆驼崖糖瓜、芝麻糖，以玉米、大米、小米、大麦、芝麻等为原料，经过麦芽的制备、煮粥、糖化、过滤、熬制糖稀、拔糖、拉条等十余道工序纯手工制作而成。每一道工序都耗时、耗工，其中，熬制糖稀、拔糖工序最为烦琐。

充分糖化的糖液经过滤后开始熬制糖稀。把过滤后的糖浆放入干净的大锅中加热浓缩、熬制时，要有专人负责控制火候，并用木锨不断搅动糖液，且不能停手，因为一旦停手糖色就会变成焦黑色。这期间，糖液煮沸溢上来时，还要添进两大勺糖水，相当于缓火，因为火势猛了会发出焦煳气，破坏糖稀的香气。等熬到糖液的色泽呈水晶色，旋转木锨可形成糖泡时才可出锅。

拔糖时，要保持室内的温度和湿度，每次取料5斤在拔糖架上反复折叠、伸拉，直至使其发白、发虚才可进入"拉条"的制作工序。

刚出锅的糖稀是可以当饮料喝的，虽然甜度较高，但却有甜而不齁、爽润喉间的感觉，且有一股子淡淡的来自原野的香气，味道醇厚、淡雅、清爽，也许这就是传统的自然甜香与工业化的甜味添加剂之间的口感差别吧。但可惜的是，正是由于受自然条件的限制，糖稀目前尚没有被工业化，因此不能让更多的吃货品尝到这种纯天然的饮料，也算是一件憾事吧。

巩义的"厚味儿"

趁热，把花椒菜加入热腾腾的农家自做的锅盔大饼中，霎时，那来自原野的，裹着原始的麦香、嫩花椒的清香的味道，恰似"千树万树梨花开"般一股脑地涌向舌尖、味蕾，猝不及防地就击中了你心底最柔软的那部分记忆：那袅袅升起的炊烟，那一望无际、连绵起伏的金色的麦浪……家乡的记忆，就这样，再次被美食唤醒。

这就是巩义涉村镇的爆款美食：花椒大饼。这道美食目前不仅在郑州是独一份，而且也是河南餐饮市场为数不多的以花椒嫩果为主料的特色美食。

槐叶冷淘

"青青高槐叶，采掇付中厨。新面来近市，汁滓宛相俱。入鼎资过熟，加餐愁欲无。碧鲜俱照箸，香饭兼苞芦。经齿冷于雪，劝人投此珠……"

唐代伟大的现象级诗人、巩义人杜甫，远离家乡在外漂泊之时吃到了唐代的流行美食"槐叶冷淘"后，写下了这首《槐叶冷淘》。

从诗作中可以得知，美味的"槐叶冷淘"是采青槐嫩叶捣汁和入面粉，做成面条，煮熟后放入井中或冰水中浸漂后，其色鲜碧，然后捞起，再加佐料调味，食来凉爽利口（"经齿冷于雪"）。

冷淘，指煮熟之后再用井水过一到两遍的捞面条，相当于今天的"凉面""过水面"，唐代即已流行。槐叶冷淘是当时最著名的一道"凉面"。《唐六典》载："凡朝会、宴飨，九品以上并供其膳食……夏月加冷淘粉粥。"朝堂宴会如此，民间自是仿效。

巩义人爱吃面。中午回家舀上几大勺面粉，和面、擀面，刚擀好的宽面条在开水锅里一下，很容易就煮熟了。捞出面条后，浇上调好的蒜汁及荆芥等，简直就是人间至味。吃完面，再来碗热乎乎、黏糊糊的面条汤，就是原汤化原食了。中午擀好的面条没用完，晚上也不会浪费：把面条改刀成菱形，往汤锅里一下，就是一碗汤里有面、面里有汤的甜面叶了，巩义人也称之为"甜汤"，再配上一碟咸菜，这甜面叶一吃，仿佛一天所有的烦恼都能排解似的，甭提胃里有多滋润、心里有多踏实了！

腊八节，郑州其他县市（区）的大部分人家要喝一碗腊八粥，但大多数巩义人的腊八节却是由一碗糊涂面条开启的。爱面爱到这份儿上，也是没谁了吧？

杜甫生在巩义，长在巩义，巩义的食俗估计已经融入杜甫的血脉里了，因此，当他吃到这碗"槐叶冷淘"时，才会发出这么多的感慨。

傲娇的资本

杜甫是巩义的骄傲，巩义也是杜甫魂牵梦萦的故乡。晚年的杜甫，曾执意北归，无奈，时局动荡，终未能达成回到故乡、回到巩义的夙愿。

余光中先生说李白："酒入豪肠，七分酿成了月光，余下的三分啸成剑气，绣口一吐就半个盛唐。"如今，站在杜甫的出生地、巩义的笔架山，忽然想说：那剩下的半个盛唐应该是属于杜甫的。

李杜文章在，光焰万丈长！

杜甫是巩义的"高光"，但巩义令世人惊艳的还不止于此。

2021 年 4 月，郑州巩义双槐树遗址入选中国考古界最高奖项——2020 年度全国十大考古新发现。距今 5300 年前后的仰韶文化中晚期巨型聚落遗址——双槐树遗址的发现，又把中华文明出现的时间向前推进了一大步。

北宋的九个皇帝中，除了徽、钦二帝被金兵掳走之外，其他七个皇帝都葬在巩义，再加上赵匡胤的父亲赵弘殷的陵墓，号称"七帝八陵"。

1996 年，中国、法国、比利时三国曾联合发行了一套国际邮票，中国发行的就是巩义石窟寺《帝后礼佛图》中的一组皇帝礼佛图像。

石窟寺创建于北魏孝文帝太和年间，距今已有 1500 多年，是北魏皇室所创建的一座皇家寺院。景明年间，开始"凿石为窟，刻佛千万像"。石窟寺现存的《帝后礼佛图》乃全国仅有，堪称国宝。

石窟寺第三窟有一对"飞天"石刻像，像中的神女一手拿着莲花枝，一手托着莲花蕾，体态修长，加上身后飞舞的彩带和下面的五彩祥云，颇有曹植笔下《洛神赋》中那位"体迅飞凫，飘忽若神，凌波微步，罗袜生尘……转眄流精，光润玉颜。含辞未吐，气若幽兰"的神女的风华，因此，被誉为飞天雕刻中的代表作，在中外美术界享有极高声誉。

可以说，走在巩义的大马路牙子上不小心踩到的一块青砖，没准儿就是文物。

厚味儿

在这样厚重的历史背景下的巩义的饮食，也以"厚味儿"为主要特色。

不管是卤肉、肉合，还是烧鸡、麻油鸭等百年老字号、非遗制作传承技艺，"厚"是巩义的标签，也是巩义极具个性化的地域饮食符号。

"每次从巩义回郑州前，我都会到卤肉店排很长时间的队，买几个卤肘子带回郑州。回去把肘子切成小块儿，夹到刚做好的烧饼里面，那味道贼过瘾、贼带劲儿，美极了。肥肉比瘦肉要好吃，肥而不腻，咸香可口。夏天还可以浇点蒜汁，加些黄瓜丝，更加爽口，也更别有一番滋味在口中。"这是巩义网友

西义兴卤肉

在社交平台上的一张美食帖子，曾引得无数吃货竞折腰。

这张帖子上说的是百年老字号"西义兴"卤肘子，也是巩义几代人的集体回忆。选用上好的肘子，去脂：把肥肉、肥油剔掉，分割成一斤重左右的小块，清洗。烤烙：洗后烤烙，把肉皮上或猪蹄里的脏毛杂物烙净。细洗：烤烙后再细致清洗。大肠、肚子的处理过程比较复杂，需先用白矾、食醋反复揉搓、清洗。干净后热氽去掉白膜，再清洗。整形：把切割的肉块用细线捆扎，经过捆扎的肘子肉质会更加紧致。刮油：刮去附在肉上的油脂和杂质，这样会令肉的口感更加细腻。卤制：捆扎好的肉块放入老汤中卤制两个多小时后，令人垂涎欲滴的卤肘子就做成了。

卤肘子的灵魂是老汤。据说，"西义兴"的老汤历史非常悠久，是一代一代传承下来的秘密，而且冬天与夏天的配方是不一样的，冬天的配方调料偏厚重一些，夏天的配方偏清爽。

老汤卤肉，是中国人传统的卤肉方法，很多河南百年老字号卤肉时用的老汤或者老汤的配方，都是祖上一代一代传下来的。比如"马豫兴"。"马豫兴"的桶子鸡用的原料必须是上好的老母

鸡，油大，一斤母鸡煮熟后会出三两油和水。所以，据说"马豫兴"的桶子鸡除了祖上第一次煮桶子鸡加水之外，以后都是靠母鸡本身出的油和水做汤煮鸡，这也是"马豫兴"桶子鸡即使在夏季存放也不易变质的原因。

以我的理解，老汤真正的秘方其实在于"功夫"两字，功夫下到了，不欺人，东西自然就好。

回郭镇肉合：几天不吃想得慌

巩义人爱吃厚味儿，吃烧饼要夹卤肉，吃卤肉也不忘带烧饼，烧饼和卤肉就成为绝配，并由此诞生了巩义的特色饮食：回郭镇肉合，也被称为"中式汉堡"。

合子，是用面皮包馅呈盒子形的食品，可用冷水面皮，也可用油酥面皮，是中国传统面食之一。

回郭镇肉合用的是油酥面皮做的烧饼，由硬面制作，焦而不干，脆酥可口；肉则是猪头肉，是将新鲜的猪肉下水经过几道工序清洗干净，放入百年老汤中煮熟。刚出锅的猪头肉，配上鲜嫩的黄瓜，淋上调好的蒜汁、辣椒油，充分搅匀后，将肉与菜塞进松脆的烧饼中，趁着热气咬一口，霎时，一种温软旖旎的风情涌上舌尖。那看似肥腻的猪头肉实际上肥而不腻，香浓之间还有丝丝的软滑，再加上黄瓜的清爽、烧饼的松脆酥香，这合子带给舌尖、味蕾的层次之丰富竟是"一口万水千山"！巩义人说：烧饼夹猪头肉，几天不吃就想得慌。

回郭镇肉合制作技艺以巩义回郭镇为核心，广泛分布于周边各区域，并辐射至郑州、洛阳、平顶山等发展迅速的城

回郭镇肉合

市区域。回郭镇是巩义的西大门，地处郑州与洛阳工业走廊中心位置，工商业发达，文化底蕴深厚。优越的区位优势和商贸发达的经济条件为回郭镇肉合制作技艺的产生和延续提供了先天的物质和丰富的文化土壤。

回郭镇肉合制作技艺，目前以家族传承为主，现在正在逐步扩大为社会传承。从最初的游街串巷的叫卖到路边的简陋的大棚经营，到有正规的店铺，再到今天的装修考究、商业价值与文化价值兼备的一道地方特色名吃，回郭镇肉合的成长史见证了巩义历史的发展，映射出回郭镇乃至整个巩义市经济产业的积淀与繁荣，在巩义饮食文化的传承与发展过程中起到了举足轻重的推动作用。

来自康百万庄园的美食

康百万庄园，又名河洛康家，位于巩义市康店镇，是国家 4A 级旅游景区。

河洛文化研究所研究员席彦昭介绍,"康百万"是明清以来对曾富甲一方的康应魁家族的统称。康氏家族前后共有十二代人在"康百万庄园"生活,跨越了明、清和民国三个时代,共计400余年。康百万庄园始建于明末清初,总建筑面积64300平方米,占地240余亩,临街建楼房,靠崖筑窑洞,四周修寨墙,濒河设码头,集农、官、商风格为一体,布局严谨,规模宏大,是十七八世纪华北封建堡垒式建筑的代表,全国三大庄园(康百万庄园、刘氏庄园、牟氏庄园)之一,与山西晋中乔家大院、河南安阳马氏庄园并称"中原二大官宅",被誉为豫商精神家园、中原古建典范。

在这样的家族大背景下,康百万景区的饮食自然也是独具特色的。

麻油鸭,源于康百万家族,后经由康店镇康北村人康有庆家族四代相传至今,故称"康百万麻油鸭"。

康店镇地处邙山脚下、伊洛河畔,老百姓多以养殖家禽种地为生,家家都有家禽,以鸡、鸭、鹅为主,这些得天独厚的自然优势,加之与4A景区康百万庄园毗邻,不仅为康百万庄园景区地方招牌美食——麻油鸭的制作提供了最优质的食材,也为这项传统技艺的延续铺垫下丰厚的文化土壤。

康百万麻油鸭,制作技术要求很高,大大小小工序达18道之多。选用伊洛河畔住家散养两年以上老鸭,由陈皮、肉桂、草果等纯天然中药材秘制,经过多道工序,辅之陈年老汤制作而成。卤制前,要先对老鸭进行精加工:宰杀,进一步去毛,出造型,腌制。腌制过程尤为讲究,因为腌制的时间、温度、湿度、腌制

料的粗细程度等各个环
节都会直接影响到麻油
鸭的色泽、味道和口感。
腌制之后，还要把鸭子
用老汤煮三至五个小时，
先用武火煮沸，再用文
火慢煮。

麻油鸭

成品麻油鸭，泛着淡淡的暗红、微微的黄亮，马上就有了"一点飞鸿影下，青山绿水，白草红叶黄花"的妙趣。那鸭的口感是鲜嫩的，但鲜嫩中又带着一股韧劲，肉质很紧、很密，不似我们寻常吃的鸭肉一样松散、无力。

因为是放在用香叶、陈皮、肉桂、草果、花椒等多种大料熬制的汤汁中煮的，麻油鸭的香滑中既有原生态的鸭肉香，还有妈妈炖菜的特有香味，哪一样都不可复制，哪一样都独一无二。

康百万家的自酿酒也曾因接驾慈禧太后、光绪皇帝而一度名扬省内外。

康店镇地处洛河岸边，东郑州，西洛阳，北焦作，其独特的地理位置、丰富的地上地下水源，为康百万家酿酒制作技艺的传承发展提供了丰富的资源。

康家酿酒距今已有150年以上的历史，以自家饮用，并迎来送往接待之用为主。康百万家酿酒制作技艺与其他酿酒的区别在于窑洞内发酵及窖藏，使用的是"注水温控"法及"倒缸"法。以优质高粱、玉米、小麦为主要原料，用石碾粉碎原料，取深井水，用明曲，清器具，润缸器，用缓火，巧用粮食各自出酒的口感特征，如高粱酒"冲"、玉米酒"甜"、小麦酒"糙粮"味，结合清香型缸内发酵法和酵池发酵法，经蒸粮、摊晾、拌醅、发酵、陈酿等 15 道工序酿制而成。最后，"掐头去尾"，至少窖藏半年以上，方能饮用。酒质入口绵甜清香，酒体纯洁透亮，回味悠长，且不上头。

1900 年，八国联军入侵北京，慈禧太后携光绪于次年逃离北京前往西安，后又返京，路过巩义时，由康家负责接驾的一应花销，康家酿酒自然也就"升级"为接驾用酒被呈献给慈禧、光绪。

康氏家酿酒制作技艺主要以家族传承为主，目前已传至第五代。

涉村镇的爆款美食：花椒大饼

新鲜的嫩花椒，加入蒜薹粒、牛肉等辅料爆炒后，味道醇厚又清香，舌尖口感既有"二月初惊见草芽"的惊艳，又有"故穿庭树作飞花"的流连旖旎。

趁热，把花椒菜加入热腾腾的农家自做的锅盔大饼中，霎时，那来自原野的，裹着原始的麦香、嫩花椒的清香的味道，恰似"千树万树梨花开"般一股脑地涌向舌尖、味蕾，猝不及防地就击中了你心底最柔软的那部分记忆：那袅袅升起的炊烟，那一望无际、连绵起伏的金色的麦浪……家乡的记忆，就这样，再次被美食唤醒。

这就是巩义涉村镇的爆款美食：花椒大饼。这道美食目前不

新鲜的嫩花椒，加入蒜薹粒、牛肉等辅料爆炒后，味道醇厚又清香，舌尖口感既有"二月初惊见草芽"的惊艳，又有"故穿庭树作飞花"的流连旖旎

趁热，把花椒菜加入热腾腾的农家自做的锅盔大饼中……家乡的记忆，就这样，再次被美食唤醒

仅在郑州是独一份，而且也是河南餐饮市场为数不多的以花椒嫩果为主料的特色美食。

除了花椒大饼，还有以花椒为主料炒制的各类花椒酱，也是外地游客到涉村镇必尝的热度美食。

花椒果调味，花椒叶炸食，处于幼嫩期的花椒果居然也可以成为一道美食。关于花椒的美味，那些年，好像我们错过了太多……

涉村镇的花椒美食其实是涉村镇政府带领村民脱贫致富，加快实施乡村振兴战略的产物之一。2018年初，以特色农业、山水旅游、生态修复为重点，涉村镇启动了万亩花椒基地建设项目。

意在依托乡村振兴战略，以特色小镇、美丽乡村项目为载体，通过花椒基地等生态农业项目打造，逐步形成"田园风光、生态农业、历史文化、旅游观光、避暑度假、休闲养老"为主题，结合温馨木屋、山村窑洞、水上人家、森林氧吧、野外生存体验等特色，集吃、住、游、娱、养、购六位一体的田园综合体，建成巩义市南部山区休闲旅游特色板块，打造郑州都市区生态休闲"后花园"。

涉村镇的花椒产业不仅吸引了加拿大等海外河南同乡会、河南商会的投资，很多国内企业也看到了花椒产业巨大的市场潜力，陆续进驻涉村镇，投入到挖掘花椒美食、发展花椒基地景区的建设中。花椒大饼、花椒酱等花椒制品如今成为涉村镇的特色爆款，就是在这个背景下形成的。

花椒，是我国的本土植物，早在先秦，就已经被广泛种植，并与生姜、梅子、芥末、饴糖、蜂蜜等成为中国人最重要的调味品之一了。

古人认为，花椒的香气能驱邪，所以，常用花椒酒来祭祀祖先神灵。《诗经·周颂·载芟》中"有椒其馨，胡考之宁"，描写的正是周王在秋收后用花椒酒祭祀宗庙、祈福上苍，祝愿老人长寿安康的场景。后来，楚人用花椒和泥涂壁，开启了"椒房"之先例。西汉时期，皇后所居住的正殿的墙壁上曾因使用花椒树的花朵所制成的粉末进行粉刷，故曰"椒房殿"。

用花椒的花朵做成粉末粉刷墙壁，一则，花椒独有的芳香气味有防蛀虫的效果，可以保护木质结构的宫殿；二则，花椒的花朵也是天然的涂料，用这种"涂料"刷的墙，会呈现出暖暖的粉色，与庄严肃穆的皇帝的寝宫形成强烈的反差；同时，又因为椒者，多籽，有"椒聊之实，蕃衍盈升"之意，故而，取名"椒房殿"。

花椒还是男女之间传情达意的信物。《诗经·陈风·东门之枌》曰："视尔如荍，贻我握椒。"女子赠送了男子一把花椒，以表达愿与之交好的情意。美丽而含蓄的表白，更增添了几分浪漫色彩。

花椒还是一味中药，中医认为，花椒味辛、性温，归脾、胃、肾经，具有温中散寒、除湿止痛、逐风解毒、止痒等功效，可药可食。

有这么多历史文献做"证据"，网上那些关于花椒"是宋代以后的由西域传到中国的一种植物"的"振振有词"的不实"科普"，真是可以统统被打脸了。

由于花椒素有"调味之王"的美誉，祛除异味、芳香健脾的同时，还可以增香提鲜，所以，不管是炖汤还是卤肉、烧鱼等，花椒都是必不可少的调味料。就连河南人的必吃早点"胡辣汤"，最初也是用花椒来调味的。

如今，在涉村镇人的研发下，花椒，可做调料，可入菜品，可榨油，还可做观赏植物。花椒入菜，可凉拌、可热炒，还可成酱，而油炸花椒叶，也是初春时节的一道美味。

初春时节，花椒叶发，采鲜嫩芽头，洗净控干备用。磕两个鸡蛋在碗内，加细盐少许拌匀。放花椒嫩芽叶于拌匀的鸡蛋液内，使其沾满蛋液，置于热好的油锅内，刹那间，"玉醅初泛嫩鹅黄。花露滴秋香。地行仙，天上相。风度世间人样"！捞出微晾，放入口中，呀，鲜香微麻，齿颊留香，这美味，涉村镇人说："给个神仙也不做！"

不糊泥的叫化鸡

经过现代改良后的"叫化鸡"，肉质软烂之中又透着一股柔韧，且越嚼越香，越嚼越奇怪：怎么每一口肉的味道都是那么一致，似乎是每一种佐料、每一道工艺都均匀地浸入到了鸡的每一个部位，包括鸡骨的味道里都透着鸡肉的鲜香。

有一道小吃，跟乞丐有关

郑州市须水镇有一道名吃：叫化鸡。如今，须水邓记叫化鸡不仅是须水镇的代表性特色饮食，它的连锁店面几乎也已经遍布了郑州市的大部分区域。

叫化鸡又名"花子鸡""泥烤鸡""富贵鸡"，极富传奇色彩。据传，叫化鸡最初是一个叫化子将整只鸡连毛带鸡裹上泥烤制出来的，皮色光亮金黄，鸡肉酥烂，味极鲜美，因而古往今来深受食客的推崇。金庸在写《射雕英雄传》时，也没忘把这道美食搬进书里。话说古灵精怪的黄蓉想让丐帮帮主洪七公传授武功给郭靖，便食诱洪七公，其中就有这道"叫化鸡"。想想，能让可以翻墙跑到皇宫里偷吃的洪七公都念念不忘的美食，"叫化鸡"的迷人风骨也就可见一斑了。

在荥阳以及须水镇当地的一些史料中，专门介绍了叫化鸡的来历。据这些史料所说，叫化鸡跟明朝正德、嘉靖年间，荥阳须水镇槐西村人"赵疯子"有关。

赵疯子，真名赵国英，如今须水镇当街的石牌坊就是为他而建的。由于父母早逝，孤苦无依的赵国英便以乞讨为生。赵国英虽然没念过什么书，但心灵手巧、聪明好学，在常年的乞讨生涯中，他学会了削木猴、捏泥人、刻觱篥（一种用竹做管，用芦苇做嘴的管乐器）等手艺，捡来的废物经他的手都能变成精致实用的小玩意儿。在当地的史料记载中，鸡毛掸子也是赵国英在乞讨为生的困顿局面中研发出来的一款生活实用利器。由于赵国英聪明、人缘好、组织能力也强，渐渐地，在以乞讨为生的丐帮队伍里有了威信，被推举为丐帮头目。后来，赵国英在生意场上凭借自己胆大、门路多以及帮会组织力量，一跃成了须水镇的大财主。

"叫化鸡"乃是赵国英乞讨生涯里的一个"无意之举"。话说叫化子饿极了，难免就会做些偷鸡摸狗的勾当。有一次，饿急了的赵国英偷了邻村农户的一只鸡跑到村外。可没锅没灶的，该怎么个吃法？亏他心眼活，眼珠子一滴溜，点子就出来了。他把这只早已被捂死了的鸡，用荷叶包包、乱草缠缠，外加泥巴糊成了一个泥圆蛋，趁着土坎架起火烧了起来。待泥圆蛋烧成黑红色后，赵国英把它拉了出来，敲开硬壳，一股奇香扑鼻而来，撕块肉填进嘴里，又嫩又烂的美味让赵国英终生难忘。

赵国英后来成为大户财主，在须水镇定居下来后，还念念不忘糊了泥巴的烤鸡味道，于是，在他的授意下，糊了泥巴的烤鸡就成了赵家宴席上的一道保留菜品，并渐渐在当地流行开来，老百姓谓之"须水叫化鸡"。

清代的一位县令把叫化鸡改良了

叫化鸡的做法是将鸡宰杀后去毛洗净，鸡翅右下开一小洞，挖去内脏，洗净滤水，鸡膛内加入经煸炒过的猪肉丁、香菇丁、火腿丁、海米等辅料及葱、姜、料酒、白糖等调料，用猪网油紧包鸡身后再用荷叶紧紧包住鸡身，最后包上麻纸裹泥，放进炉内烧烤。待鸡烤熟后，从炉中取出，去泥、荷叶，散开网油，将鸡放入盘中，用筷子轻轻一拨，鸡肉酥烂离骨，含在嘴里，荷香、鸡香融在一起，沁人心脾。

到了清代光绪年间，一位官方人士邓华林把须水叫花鸡做了改良，从此，须水叫花鸡变身为"不糊泥的叫化鸡"。

据载，荥阳人邓华林曾在清光绪年间做过邻县的县令（也有资料说是县丞的）。据说，当时，不管是公务往来，还是家庭宴席，邓华林都喜欢把自己家乡的须水叫化鸡作为保留"硬菜"。但邓华林发现，须水叫化鸡虽然好吃，操作起来却备受掣肘：首先，包裹叫化鸡的新鲜荷叶只有农历五月至七月份的才可用，时间再晚些的荷叶一则容易枯萎，二则口感会发苦；其次，既然是要上得厅堂的菜品，泥巴的品质就要有保证，但是合适的泥巴却并不是随时随地就能找来的。邓华林就尝试做了一些改良：从烹饪方法上变"烤"为"卤"，把"叫化鸡"从烤制品变为了卤制品；去掉荷叶、泥巴，以料包入味，卤制2—3小时后出锅，出锅后，枣红的叫化鸡色泽诱人，香味四溢。

由于改良版的叫化鸡鲜香可口，操作相对方便，受到亲朋好友的交口称赞，于是，邓华林就把"叫化鸡"作为家传的一道待客硬菜，并把配料、烹饪方法誊录出来，让家族后辈们代代传了下来。

卤鸡、猪蹄，一个都不少

20世纪90年代末，邓家后人邓胜利在家传手艺基础上又做了一些改良，料包也由最初的几味改为花椒、大茴、桂皮、白芷、草果、香叶等十余味，并把宰杀好的鸡子放入高汤中卤制，取名为"邓记叫化鸡"，还增加了猪蹄等卤味品，开始在须水镇设店售卖。

经过现代改良后的"叫化鸡"，体格并不大，肉质软烂之中又透着一股柔韧，所以可以一口一口地撕着嚼，且越嚼越香，越嚼越奇怪：怎么每一口肉的味道都是那么一致，似乎是每一种佐料、

须水邓记叫化鸡制作技艺代表性传
承人邓胜利卤制"叫化鸡"

每一道工艺都均匀地浸入到了鸡的每一个部位，包括鸡骨的味道里都透着鸡肉的鲜香。

还有猪蹄。不知有多少美眉爱吃猪蹄，但我是不太爱吃的，虽然一再有人向我强调猪蹄的美容功效，但我总觉得抱个蹄子啃来啃去的吃相着实难看，于是就把猪蹄定格为男人吃的物什。但因为邓记的猪蹄品相挺好的，看着甚至还有点像猪肘子，所以，就破了一回戒。没料想，不吃则已，一吃还真就恋上了他家的猪蹄。他家的猪蹄色泽不是很偏红，也不是一闪一闪亮晶晶的亮，是那种没有经过上色的自然的肉的光泽；肉有点离骨，透着新鲜。咬一口，筋烂Q弹、滑而不腻、香而紧致，细密中又透着一股鲜滑，得劲得很！

邓记叫化鸡跟烧鸡在口味上有点类似，但由于烹饪方法的不同，又稍微有点区别。

邓记叫化鸡的主要烹饪技法是卤，而烧鸡则有"烧"这样一道烹饪技法。在中国烹饪专业术语中，对于"烧"是这样解释的：烧是指在经过汽蒸、煸炒、过油、煎炸等前期熟处理的原料中，加入适量的汤汁和调料，先用大火烧开，再改小中火慢慢加热至将要成熟时定色、定味后，旺火收汁或勾芡的烹调方法。烧鸡的处理方式就是先过油（炸）、再卤制的，因此姓"烧"不姓"卤"。

由于味道好、价格公道，不糊泥的叫化鸡一经推向市场，迅速走红，并渐渐从须水镇辐射到郑州市各个区域。2009 年，"邓记叫化鸡""邓记五香猪蹄"被中国烹饪协会评为"中华名小吃"；2011 年，须水邓记叫化鸡制作技艺被列入中原区区级非物质文化遗产名录。

叫化鸡

当经典遇上"标准"

对于饮食的规范化操作，早在《周礼》《论语》等书中就有记载。北魏《齐民要术》一书中，各类食品的加工与贮藏，食物的酿造各法，酱藏食物以及腌腊、烹调各法等，也都被贾思勰完整地记录了下来。

一个"标准"公告引发的行业思考

2020 年 12 月，郑州市市场监督管理局第 6 号公告中，发布了"糖醋软溜黄河鲤鱼带焙面""套四宝""烤鸭""海参捞面""铁棍山药烧鲍鱼""红烧大鱼头""烧臆子""锅贴""烧虾尾""枣花馍""酸辣肚丝汤"等烹饪技艺的郑州市地方标准。

此次，郑州烹饪技艺的地方标准主要起草单位由河南省餐饮与饭店行业协会、河南鲁班张餐饮有限公司、河南阿庄美食有限公司、郑州郑韵餐饮服务有限公司、郑州禾珍珠餐饮服务有限公

郑州市市场监督管理局第 6 号公告

司、新密市郑喜旺餐饮服务有限公司等共同成立标准起草工作组，在调查、收集、研究有关标准资料及分析、研究郑州烹饪技艺的基础上，编制完成。

由于这是近年来郑州市官方首次颁布的菜品标准公告，因此，引起了社会各界的广泛关注。

有言论认为，标准化是西式产物，中国人更喜欢有锅气、有情感的食物，中国餐饮文化历史悠久，制作工艺讲究火候，讲究个人经验，讲究对菜品的领悟。如果强行地把中餐用西餐的方式标准化，必然的结果就是牺牲中餐的灵魂。

但也有言论认为，一切喜好都是传承与培养的结果，新生代，特别是"00"后，从小学开始就接受中央厨房的标准化营养餐，是未来标准化用餐的主流人群；而今天我们在餐馆吃到的食物，很多都是预制的标准化食品，因此，中餐标准化已经在路上了。

还有一部分言论认为，中餐需要相对的标准化，比如烩面、胡辣汤这些连锁模式的特色小吃，只有标准化，才能统一口味、稳定味道。

虽然关于中餐是否标准化的争论从未停止过，但事实上，中餐产品的标准化、中央厨房统一配送制早就已经成为诸如广州酒家、避风塘、外婆家、新荣记、楼外楼、大董、海底捞，以及郑州本土的巴奴毛肚火锅等品牌餐饮企业的决胜"内核"了。

对部分餐饮企业来说，标准化的利好是显而易见的。主要体现在：菜品的味道更容易统一，食品卫生更容易掌控，此外，现代标准化的操作也相应减少了对厨师的依赖，餐厅更容易复制，餐厅的厨房面积减少也降低了营运成本。

但"6号公告"的出台，却并非简单地将消费者的主观美食体验、厨师的个性化操作经验固化于客观的现代化标准操作流程之中，取得厨师个性化操作、消费者主观感受与质量标准规范强制性之间的平衡，而是对传承、延续民族经典的一次尝试与探索。

中国人的"标准化"精神

其实，中国人很早就有了标准化意识、规范化意识，并且是世界上最早创建礼仪制度规范化、医学处方标准化体系的国家。

饮食、起居、祭祀、丧葬，朝觐、封国、巡狩，用鼎制度、乐悬制度、车骑制度、服饰制度、礼玉制度，礼器的等级、组合、形制、度数的记载，就餐礼仪、着装礼仪、社交礼仪，包括哪个等级的嘉宾应该配以什么样的音乐……社会生活的方方面面，在西周时期，都已经被纳入"礼""乐"的范畴，潜移默化地规范人们的行为并延续至今。"礼"强调的是"别"，等级、秩序有别，即所谓"尊尊"；"乐"的作用是"和"，即所谓"亲亲"。有"别"有"和"，是巩固民族内部团结的两方面。而这正是中国人制定礼乐制度的本质："经国家，定社稷，序民人，利后嗣。"

从周代至清代，无论是医学专著，还是包括饮食在内的农学专著等，中国人的标准化意识始终都在延续着。不仅药量、配伍有规范，就连煎药的用水、时长等也有严格规范。

而对于饮食的规范化操作，早在《周礼》《论语》等书中就有记载。北魏《齐民要术》一书中，各类食品的加工与贮藏，食物的酿造各法，酱藏食物以及腌腊、烹调各法等，也都被贾思勰完整地记录了下来。我们今天的国民小吃烩面、绿豆丸子、瓜豆酱、腌肉，甚至具体到怎么熬粥，多大的鲤鱼适合哪种腌制方式，找到《齐民要术》就找到了具体的操作方法。贾思勰在《齐民要术》中还告诉了今天的郑州人，用烩面（馎饦）技法做出来的面条口感是："非直光白可爱，亦自滑美殊常。"

我们现今流行的一道进补汤品"当归生姜羊肉汤"，其实是被张仲景记录在《金匮要略》中的一个药食同源的方子："当归三两，生姜五两，羊肉一斤。上三味，以水八升，煮取三升，温服七合，日三服。若寒多者，加生姜成一斤；痛多而呕者，加橘皮二两，白术一两。加生姜者，亦加水五升，煮取三升二合，服之。"

类似这样的历史文献记录,还有很多。这些被记载下来的"惠民之政,训农裕国之术",不仅对中国、亚洲乃至欧洲的农学发展、社会生活都曾产生过重大影响,今天,还依然在影响着我们当代人的饮食生活。

将"经典"进行到底

"6号公告"不仅规范了以"套四宝""烤鸭"为代表的传统经典豫菜原材料的选取标准、初加工标准,还对菜品的刀工、烹饪方式、技法、火候、温度的控制,以及装盘、摆盘等方式都做了具体规范。

"套四宝"是由河南陈氏官府菜第五代传人陈伟的曾曾祖父、陈氏官府菜创始人陈永祥,在传统豫菜"日月套三环"(将鸡装入鸭,将鸭装入冬瓜。因鸡是白天下蛋,鸭是夜间下蛋,故而称"日月")的基础上加以改进而来的,集鸭、鸡、鸽子、鹌鹑于一体(鸽子套着肚中装满海参丁、香菇丝和玉兰片的鹌鹑,鸡子套鸽子,鸭子套鸡子),四禽层层相套且形体完整,皮酥而不破,肉烂而成形,最令人惊奇的是全身没有一根骨头,是陈氏官府菜的经典代表菜品之一,也是河南经典名菜。

"套四宝"制作费工费时,最复杂的是剔骨,需要从颈部开口,将骨头与五脏六腑剔出,剔出的骨架要一块肉都不留,鹌鹑剔骨后背脊薄如麻纸而不破,装水也不漏,犹如艺术雕刻。

"套四宝"完美地体现了厨师的吊汤技艺和精湛的刀工，堪称地方烹饪技艺的一朵奇葩。作为郑州烹饪技艺"套四宝"地方标准的起草单位，"鲁班张"把高级清汤的吊汤技艺、刀工，都做了具体的规范制定，对百年陈家官府菜、经典豫菜的传承都具有积极意义

"套四宝"完美地体现了厨师的吊汤技艺和精湛的刀工，堪称地方烹饪技艺的一朵奇葩。

2003 年，"套四宝"被中国烹饪协会评为"中华美食绝活"。

烤鸭，原名爊（āo）鸭，南北朝肇始，宋汴京臻兴；滋腴味醇，千年传承，是河南传统名吃。

《东京梦华录·饮食果子》中记载的流行食品中就有爊鸭一味，"（汴京，今河南开封）又有外来托卖炙鸡、爊鸭、羊脚子……"其中，"爊鸭"即我们现在说的烤鸭。

元代《居家必用类事全集》还记载了爊鸭的烹饪技法："每只洗净，炼香油四两，爁（lǎn，炙烤的意思）变黄色，用酒、醋、水三件中停浸没，入细料物（调味料）半两、葱三茎、酱一匙，

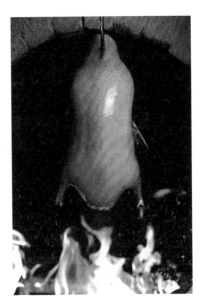

阿庄酥香嫩烤鸭是郑州挂炉烤鸭的典型代表之一。作为郑州烹饪技艺"烤鸭"地方标准的起草单位，"阿庄"对原材料的初加工标准，菜品烹饪方式、火候、温度的控制等都做了详细规范，最大化保障了烤鸭的出品品质及口味的稳定

慢火养熟为度。"食用时再取出，切片装盘即成。

烤鸭这道美食在明清时代达到了精美的程度：不仅烤鸭的工艺要求更精更细，而且烤鸭所用鸭子也开始专门饲养，因而出现了鹅鸭城、养鸭房、养鸭场等专门喂养鸭子的场所。这个时候，制作烤鸭还分为挂炉烤和焖炉烤等形式。

挂炉烤是以果木为燃料，在特制的烤炉中明火烤制而成。果木的甜香侵入鸭体，带有一股果木的清香。

焖炉，其实是一种地炉，炉身用砖砌成，大小约一米见方，特点是"鸭子不见明火"，由炉内炭火和烧热的炉壁焖烤而成。过去焖炉烤鸭是用秸秆将烤炉的炉墙烧热，然后将鸭子放入炉内，关闭炉门，全凭炉墙的热度和炽热的柴灰将鸭子焖烤而熟；炉内的鸭子是否烤熟，可根据时间、颜色、火力以及鸭子的重量变化来确定。因需用暗火，所以焖炉要求掌炉人具有很高的技术，必须掌握好炉内的温度，温度过高，鸭子会被烤煳，反之则不熟。

随着时代的变迁，如今，焖炉已被淘汰，挂炉烤鸭成为市场主导。但目前，仅郑州市以烤鸭为主打经营品种的餐厅就多达数十家，烤鸭品质参差不齐，让消费者有点"乱花渐欲迷人眼"，一定程度上也影响了经典菜品的传承和发展。

郑州烹饪技艺源远流长，承于商，盛于今，在继承豫菜的煎、炸、溜、扒、烧、烤、蒸、炒、煮、烩、贴、爆等技艺的同时，正以海纳百川的胸怀不断地融合、创新、发展，成为国际化郑州的新名片和文化软实力的新载体。因此，规范经典菜品的制作标准，延续经典的生命力，让经典成为"yyds"（永远的神），不仅是时代的需要，也是作为国家中心城市的郑州发展的需要，对于弘扬"大国工匠"精神、彰显"文化自信"同样具有积极意义。

"咸菜"的智慧

一碗米饭或者一个馒头，配一点儿酱黄瓜、几片腌萝卜，就解决了一顿饭。但在物质生活高度发达的今天，吃咸菜已经不再是为了果腹，而是为了"尝鲜""换个口味"。一碗热粥，一小段酱黄瓜，或者几片腌萝卜，那脆嫩的口感，那甜香中带着丝丝缕缕的来自田野的家常而温暖的味道，瞬间就能把你的味蕾俘获，令你欲罢不能。

百姓餐桌的"案头小品"

郑州人所说的咸菜，也称酱腌菜，是中国人餐桌上最受欢迎的佐餐小菜。以芥菜丝、韭花酱为代表的登封咸菜，以腌胡萝卜、腌黄瓜为代表的中牟咸菜，不仅是郑州人常备的"案头小品"，还常被当作郑州的土特产而成为迎来送往的礼品。

酱腌蔬菜的出现，最初的目的是为了更好地保存食物，是我国最古老、最"国民化"的蔬菜贮藏及加工方式之一。我国是世界上有文字记载的蔬菜资源最丰富、蔬菜栽培历史最悠久的国家。但由于新鲜菜蔬都有保鲜期，因此，人们在长期的生活实践中，发明了酱腌果蔬技术，既填补了在非收获期可以获取、补充菜蔬的目的，又利用二次发酵使人们获取了与新鲜菜蔬不一样的口感，酱腌蔬菜也从此成为我国的传统食品而被传承延续至今天。

蔬菜酱腌加工技术，早在先秦时期就已经较为普及了，当时称为"菹""葅"。不过，那个时候"菹""葅"类食物不仅包含酱腌蔬菜，还包含酱腌肉类食品。《周礼》《释名》等历史文献中对"菹""葅"都有相关记载。南北朝时期的《齐民要术》还对"菹""葅"等流行菜品的具体做法有过详细的记录。

食药两用的芥菜

芥菜，既可当蔬菜又可当调味品，早在《周礼》《礼记》中即有记载，是中国最古老的菜品之一。

芥菜的根茎、叶子、种子皆可食用，可炒、可腌，还可榨油。芥菜种子还是一味中药，能化痰平喘，消肿止痛；种子磨粉则为芥末，是调味料；用芥菜种子榨出的油便是芥子油。

很多生鱼片的粉丝喜欢芥末那种冲透鼻腔、醍醐灌顶的刺激感觉，但这并不是中国人发明生鱼片蘸芥末酱的搭配理由。芥，辛辣芳香、走蹿开窍，在外能让人涕泪交流，在内能温暖肠胃、发动气机，以便消化生冷，且"可去皮里膜外之痰"。味好、能解毒，还能克化诸如生鱼片之类的生冷之物，才是中国古人发明生鱼片蘸芥末酱的搭配理由。

登封芥菜丝

芥菜的品种也很多，李时珍《本草纲目》中记载，芥分青芥、大芥、马芥、花芥、紫芥、石芥等数种，其中，青芥、大芥宜入药用："子大如苏子，而色紫味辛，研末泡过为芥酱，以侑肉食，辛香可爱。"

登封的气候和土壤结构都有利于芥菜作物的生长。登封属暖温带山地季风气候，其特点是气候温和，四季分明，冬季寒冷少雨雪，春季干旱多风，夏季炎热多雨，秋季天高气爽，昼夜温差大，干湿度差大。再加上登封处于豫西中部山地向豫东平原过度的嵩箕地区，地处山区，土壤可分为棕壤、褐土和潮土三大类，土层疏松深厚，保水保肥能力强，非常适合芥菜的生长。

登封芥菜（芥疙瘩）个头圆润、辛辣味浓、质地脆嫩、水分充足，是芥菜种植地区百姓的主要食用蔬菜之一，因此，以家庭手工自制自食为主的芥菜丝（片）在登封西部地区非常流行，而且历史悠久。清同治年间，登封大金店梅村的一位黄姓村民为兴家立业，集当地百家芥丝（片）制作工艺之长，组织自家及村中人员从事芥菜丝（片）整体加工业，扩大了产品的销售渠道。

1949 年后，尤其是改革开放后，当地政府与多家企业联手，利用当地土地和闲散劳动力的优势，大力发展农业产业化，建立了数个"千亩芥菜种植基地"，把分散于各家各户的小手工加工变成规模化的大批量生产深加工，生产出来的产品备受消费者青睐，且畅销全国各地，确保了农业增效、农民增收，使农村经济得到了稳定、快速发展。

登封芥菜丝（片）是以芥菜（芥疙瘩）为主要原料，按比例加进辅料加工而成，以 10 斤芥菜丝（片）为例：芥菜丝（片）10 斤，食盐 0.4 斤，优质油 0.15 斤，辣椒、花椒、糖、醋、水适量。

将收获的芥疙瘩切头去尾，削去皮，去掉杂质用水洗净，用刀具精切成细丝或片状；将油类原料加工成成品油，用醋料酿成好醋，采集种植的花椒、辣椒，购进食盐、糖等；制成品：用特别秘方，将芥菜丝（片）在沸水里煮片刻捞出，放冷水中浸泡（把握好温度及时间），加进辅料反复搅拌均匀，然后在容器里放置数小时后即可食之。

成品芥菜丝（片）一定要具有醍醐灌顶、通九窍的刺激感，还要清爽可口，如此才算完美的芥菜丝（片）。

如今，芥菜丝（片）已经成为登封的一张名片，芥菜丝（片）加工产业也已经成为登封副食品的支柱产业，不仅是"滴流儿水席"中的必备凉菜、家家款待客人的常备菜品，还常作为登封的土特产被带到全国各地。

韭花和《韭花帖》

将韭菜花、辣椒、姜洗净沥干（表面基本没有了水分）；辣椒切碎、姜切末待用；韭菜花剪下花籽部位，然后放入蒜臼捣碎；将捣碎的韭菜泥盛入瓷盆等容器内，加入辣椒、姜末、盐，搅拌均匀，加盖存放一个月左右即可食用（中间切勿沾油）。吃时，先挖出盛入小碗内，再放些小磨香油、食醋等，味道会更佳。

这就是"传说"中的韭花酱，也是登封现在流行的代表酱菜之一。

以韭花生长期绿色骨朵为原料，自有种植基地为保障，以精作为标准，采用手工剪把、风吹去杂、漂洗去尘、破碎腌制等13道工序，色泽鲜美，味道适口，营养丰富，是中部特色菜肴一绝。目前，韭花酱的制作工艺已被列入郑州市非物质文化遗产名录。

韭花，又名韭菜花，是秋天里韭白上生出的白色花簇，多在欲开未开时采摘，磨碎后腌制成酱食用。韭，早在先秦时期就已经被广泛种植，《诗经》里说："四之日其蚤，献羔祭韭。"春二月，用小羔羊和韭菜祭祀，可见韭菜在中国食用的悠久历史。而韭花的食用则在汉代就已有文字记载，《齐民要术》引汉代崔寔说："七月，藏韭菁。"又释曰："菁，韭花也。"藏韭花，即腌藏韭花之意。

韭菜花跟书法还有着不解之缘。唐末五代时期的大书法家杨凝式便是以一幅《韭花帖》而闻名于世的。杨凝式是五代时梁、唐、晋、汉、周五朝元老，官至太子太保，世称"杨少师"。有一年秋天，

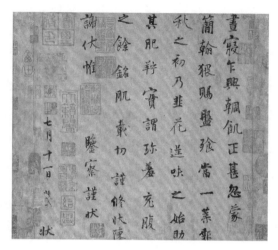

《韭花帖》局部

杨凝式一觉醒来，已是午后。杨凝式觉得有点饿，这才想起中午没有吃饭。恰在此时，宫中给他送来了一盘韭花，不知是饿了还是御厨做得好吃的缘故，这盘韭花令杨凝式齿颊留香、久久难忘。为表达感激之情，杨凝式当即写了一封谢折，其中有"当一叶报秋之初，乃韭花逞味之始"，然后派人送往宫中。本是一封不经意写就的手札，连杨凝式自己也未料到这封手札后来竟成为传世之宝，是为《韭花帖》，并同王羲之《兰亭序》、颜真卿《祭侄季明文稿》、苏轼《黄州寒食诗帖》、王珣《伯远帖》并称为"天下五大行书"。

一盘韭菜花，成就了一篇绝世书帖。看来，美食的魅力真是无穷的。

酱黄瓜、腌萝卜，好吃不简单

位于郑州和开封之间的中牟县，气候条件良好，生态环境优良，是历史上著名的蔬菜种植大县。在相当漫长的历史时期，受生产方式和生产条件的限制，储存和保鲜蔬菜非常困难，为了丰富餐桌上的内容，中牟家家户户都酱腌一些咸菜供自家食用。

过去，孩子们上学，农家人种地，随身都会带着一罐子腌咸菜。一碗米饭或者一个馒头，配一点儿酱黄瓜、几片腌萝卜，就解决了一顿饭。

但在物质生活丰富多彩的今天，吃咸菜已经不再是为了果腹，而是为了"尝鲜""换个口味"。一碗热粥，一小段酱黄瓜，或者几片腌萝卜，那脆嫩的口感，那甜香中带着丝丝缕缕的来自田野的家常而温暖的味道，瞬间就能把你的味蕾俘获，令你欲罢不能。细品，经过发酵，一股淡淡的清香已被黄瓜、萝卜淡淡地镶嵌在

中牟酱菜

身上，不张扬、不奢华；而来自田间的黄瓜、萝卜随着粥饭飘溢出来的米谷香气，竟像有了一丝灵气，渐渐唤醒了记忆的尘封，在记忆的舒展过程中，咸菜与粥饭，竟都混成一种回味，尽在唇齿之间绽放……

中牟县酱菜腌制技艺，以刘集镇崔庄朱氏家族传承历史较为悠久，也较出名。以朱氏家族为代表的中牟从事酱菜腌制的手工艺人们，在长期的实践过程当中，总结出了"一选、三洗、四腌制、一压榨、一调味"的工艺流程，做出来的酱腌菜色美味香，质地脆嫩，条形齐整。一选：萝卜、黄瓜等是制作酱腌菜的主要原材料，选材上只能看，不能用手掐，讲究"鲜、亮、新"，"无虫、不腐、无霉"；三洗：腌制前先将原材料进行清洗，一般要清洗三遍，才放到特定的容器腌制；四腌制：把原材料腌制四次，每次按不同的比例加盐、芥水，这样既可以保持菜的体型完整，脆度适中，更重要的是能挤压出多余的水分，延长产品的保质期；一压榨，即脱盐压榨：根据口感、温湿度、季节变换，进行脱盐压榨，除去多余的盐和水分后分切，即根据成品的不同种类，将原材料分切成条、丝、丁、粒；一调味：根据不同产品的不同口感，加调味料，搅拌均匀，成品包装。

目前，中牟的酱腌菜制作技艺经过整合、改进、优化，已对传统酱腌菜进行生产性保护，推出甜、酸、辣多元化口味的产品40多种，使得酱腌菜成为带有浓厚民族特色和地方风味的佐餐食品，已被列入郑州市非物质文化遗产名录。

咸菜，是人与大自然对话的智慧结晶

咸菜，是中国人经历了数百年、上千年与大自然的对话和感悟的结果，是中国人与天地、自然和谐共处的智慧结晶，亦是中国农耕文明的典型代表。

从渔、猎、采、集、牧到农耕文明，从巫到医，从观察星象进而总结出跟农耕相关的节气，以指导农事活动获得更多的食物，中国人在享受大自然馈赠的同时，不仅意识到食物是大自然对人类的恩赐，也从大自然的伟大与诡谲中深知食物的来之不易，由感恩而心生敬畏，敬畏土地、敬畏生命、敬畏自然。

这种敬畏被中国人体现在了社会生活的方方面面：称江山为"社稷"，是因为"社"是祭祀的场所，"稷"则是当时最重要的粮食作物；"钟鸣鼎食""脍炙人口""莼鲈之思"这些成语的源起哪一个都离不了吃。更因为敬畏，中国人很早就懂得了物尽其用、人尽其才的道理，懂得与天斗，不如借助大自然的力量，与天地、与大自然达到相对和解、共生共荣的状态，是人类最朴素的唯物史观。

也因此，为了告诫进食者不可饕餮浪费、暴殄天物，古人还发明了"饕餮纹"，以面目狰狞、有首无身的恶兽形象出现在食器鼎的身上做装饰图案，提醒着每一位进食者：浪费可耻，当思一切来之不易！

在物质生活还不是很丰富的年代，由于新鲜菜蔬都有保鲜期，为了延长蔬菜的保质期，人们在长期的生活实践中，发明了酱腌果蔬技术，既有效填补了人类在非收获期可以获取、补充菜蔬的目的，又利用二次发酵为人们获取了与新鲜菜蔬不一样的口感，既做到了不浪费一粒粮食，又做到了物尽其用，并借助大自然神奇的力量，最大化地发掘了蔬菜瓜果的食用价值。这不仅是人们生活智慧的总结，更是中国人"和"哲学的体现之一。

咸菜虽小，乾坤却大。

荥阳人的乡愁：汜水镇五大名吃

将肉和辣椒圈夹在烧饼里，肉的细嫩、辣椒圈的清脆瞬间被包裹在烧饼的软糯里，留在唇齿间的那份柔美，简直就像"一江春水向东流"般连绵不绝。

荥阳人说："每一口都是荥阳人的乡愁啊！"

汜水镇：中国象棋的发源地

荥阳在中国历史上是一个特殊的存在。

首先，"楚汉之争"等著名历史事件，以及"三英战吕布""关羽温酒斩华雄"等"三国"故事均发生于此。刘邦、项羽的"楚汉之争"，仅在荥阳一带就有"大战七十，小战四十"，群雄争霸的战火硝烟为荥阳留下了丰富的历史古迹。

其次，荥阳还是中国象棋的发源地。

荥阳广武山上至今还保留两座遥遥相对的古城遗址，西边是汉王城（即西广武城），东边是霸王城（即东广武城），两城中间那条宽约 300 米的大沟，就是中国象棋盘上所标的"楚河汉界"。东、西广武城的建成，最初是为了保障战国时期魏国引用"鸿沟"之水灌溉圃田，后来，楚汉争雄，最初项羽势力较大，刘邦抵挡不住，就占据西广武城，利用天险来对抗兵势强大的楚军。之后，楚军也占据了东广武山，故而形成了西楚霸王项羽带领的楚军与汉王刘邦带领的汉军长达数年的对峙。

上文中所提到的"鸿沟"乃是战国时期魏国第三位君主魏惠王挖的人工运河。荥阳文史研究学者李豫州介绍，鸿沟干流自荥阳北引黄河水东流，至大梁（今开封）后转为南流，经由陈留、通许、陈县（今淮阳）等地，最后在项县（今沈丘）附近注入颖水，沟通了黄河、济水、汳水、睢水、涣水、涡水、沙水、颍水、淮水等自然河流，形成了素有"鸿沟运河体系"之称的水运网络。鸿沟运河的开通不仅改变了黄淮地区的水运格局，而且也给战国乃至秦汉时期的政治、经济、文化等格局带来深刻的影响。20 世纪中叶以来，许多学者对鸿沟及其运河体系的形成与演变进行了深入研究，史念海等学者在系统梳理中国运河开发历史的基础上，认为鸿沟运河水系是中国最早的水上交通运输网，其开凿年代当在魏惠王十年（前 360）至十八年（前 352）之间，并造就了荥阳、大梁（今开封）、睢阳（今商丘）、寿春（今寿县）、彭城（今徐州）等古代经济都会。

虽然，在汉王城与霸王城之间的那条大沟并非鸿沟运道，但荥阳当地人依然习惯称其为"鸿沟"。

在荥阳"汉霸二王城"景区开建之前，每年初冬进入农闲时期，"鸿沟"两岸的村民经常会在"鸿沟"沟底举行象棋大赛。而且双方下棋的开局方式也很独特："将""帅"两子先在中间停一下再回去开局，这叫"将军升帐，先礼后兵"，这种风俗是从什么时候开始延续下来的，上了年纪的村民们也说不清楚，只记得打从记事时起就有了这个传统。由于每次赛事往往会进行一天，观战的两岸村民都会自带口粮前来呐喊、助威。

由于"鸿沟""楚河汉界"，均位于荥阳汜水镇东，因此，汜水镇和中国象棋带给荥阳人的是一种源自骨子里的"凡尔赛"，但这种"凡尔赛"情结并不是一种盲目自大，而是一种警醒：人生如棋，踏踏实实地走好每一步棋才是硬道理。

"（项）羽之神勇，千古无二"，项羽骁勇尚武、重信守约，但同时项羽又刚愎自用、多疑、残忍好杀，让对手在道义、舆论的制高点上找到了一个堂而皇之地号召民众反对他的理由，失去了民心、军心的项羽最终兵败自刎于乌江。诚然，项羽的失败跟历史潮流、民心所向有着极大的关联，但是项羽性格特点对其事业成败所产生的影响还是很大的，所谓性格即命运。

人生如棋，落子无悔。所以，想把人生这盘棋下好，还是先修身吧。

烧饼、卤肉和扒猪脸

让荥阳人很"凡尔赛"的还有汜水镇的名吃。荥阳人说,汜水镇名吃就如同"楚河汉界"一样,带给荥阳人的就是满满的"乡愁"。

被荥阳人称为乡愁的汜水名吃是:烧饼夹扒猪脸、卤肉、烧饼、丸子汤和鸡蛋汤,也叫汜水五大名吃。

"扒猪脸"的肉皮,胶糯香滑、肥而不腻;扒开肉皮,抿一口肉在舌尖,肉质极为酥烂。除了分量很大的"扒猪脸"主菜,还附有一份辣椒圈、一份烧饼和一份由葱段、蒜瓣、洋葱圈组合而成的配料。将肉和辣椒圈夹在烧饼里,肉的细嫩、辣椒圈的清脆瞬间被包裹在烧饼的软糯里,留在唇齿间的那份柔美,简直就像"一江春水向东流"般连绵不绝。

卤肉以猪头肉为代表,包括卤大肠、灌猪肝、卤猪蹄等。与扒猪脸的香烂口感不同,卤肉的口感则是香脆鲜嫩的,肉质爽滑Q弹。

从爷爷辈开始,家族就从事卤肉、烧饼等传统技艺制作的"剑桥名园"酒店董事长房西峰介绍,本地人习惯在烧饼夹后面略带儿音,读作"烧饼夹儿"。相传三国时期,刘、关、张三英战吕布于虎牢关外,鏖战数日未决胜负,人马疲惫,双方休战。战场上食物匮乏,张飞粗中有细,命兵士杀马以大锅煮之,取盾牌至于火上,和面揉成饼状放至盾牌上烤熟。少顷,肉熟饼脆,兵士以肉夹饼中食之，体力大增。旋即再战。自虎牢关之战后，这个吃法被保留下来，但是肉被换成了猪肉。烧饼也数度改良，加入了香油、芝麻等物，外焦里嫩，这种夹着卤肉吃的烧饼夹儿便逐渐成为当地独具特色的流行小吃。

1949 年后，尤其是改革开放以来，随着经济的发展，人民群众生活水平的提高，汜水镇卤肉的消费量不仅大大增加，猪头肉在加工制作中也更加考究。在选料时，精选优质猪头，且肥瘦适中，因为过于肥胖的，脂肪太多；偏瘦的，则会因影响口感，也被弃用。要想形成 Q 弹十足的口感，火候的大小、卤煮的时间也都有严格的规定。

卤肉好吃的秘密还在于卤肉料包，配有大茴香、小茴香、花椒、白芷、丁香、桂皮等调料，装入纱布袋放入锅内，随着时间的推移，料包的味道便慢慢浸润在肉中，使得料中有肉香，肉中有料的鲜美。

"剑桥名园"汜水名吃之一：扒猪脸

房西峰介绍，汜水镇的烧饼以个大、饼鲜而闻名。烧饼是发面的，做的时候要蘸水，烙一面烤一面，刚出炉的烧饼色泽焦黄，呈圆形，直径约 16 厘米，厚度约 1.5 厘米，饼重约 200 克，无论体积还是重量，都要比郑州市区的烧饼大上三分之一。刚出炉的烧饼，饼面稍酥脆，烧饼内瓤则绵软咸香，浓浓的原野的麦香中还裹着一丝淡淡的麻酱的味道。这样的热烧饼夹着猪头肉吃，荥阳人说："每一口都是荥阳人的乡愁啊！"

其实，扒猪脸、猪头肉这类小吃，早在南北朝时期就已经在中原地区流行了。

《齐民要术》："取生猪头，去其骨，煮一沸，刀细切，水中治之。以清酒、盐、肉，蒸，皆口调和。熟，以干姜、椒着上食之。"这道蒸猪头要先去骨，再焯水，刀细切，在水中处理干净，然后根据自己口味加多种调料蒸，熟后加干姜、花椒调味。

从《齐民要术》的记载可以看出，1000 多年前，制作猪头肉的工艺就已经相当有章法了。宋代的猪头肉名品叫"糟猪头"。明清之际，猪头肉更加流行，当时的名品有：烧猪头、焖猪头、蒸猪头等，工序略有差别，但烹调技法却越来越精致了。

丸子和鸡蛋汤

丸子，作为中国传统民俗食品，具有团团圆圆、圆圆满满之意，因此，汜水镇上的各类家宴或者席面中都少不了绿豆面丸子。

据传，汜水绿豆面丸子源于 1500 多年前的北魏时期，最早为道家研制的素食配方，后来流传至民间。

汜水镇的丸子是以当年上好的新绿豆面为主料，加入葱、姜、花椒粉等多种配料，揉搓成直径约 2 厘米的丸状，入油锅炸至黄褐色而成。炸好后的丸子可单独食用，也可做复合菜肴，更可做美味汤食。

鸡蛋汤，也叫蛋花汤，在汜水人的宴席中是最后必上的一道压轴汤。因为汤里必须有新鲜鸡蛋搅拌而成的鸡蛋花，所以汜水人把宴席最后的汤叫"滚蛋送客汤"。这道汤一上桌，客人也就陆续离席退场了，毕竟"天下没有不散的筵席"嘛。

蛋花汤，是清代的一道名汤，不过，清代的蛋花汤是鸡蛋与鸭蛋共用的："鸡蛋、鸭蛋同搅匀，入滚汤，加酒、盐、醋、脂油、葱、姜、鲜汁作汤。"（《调鼎集》）

汜水镇鸡蛋汤内一般有黄花菜、木耳、豆腐、番茄，出锅前加入一点黑胡椒粉，再撒上一小撮葱花、香菜与韭菜段，霎时，鸡蛋汤的香气就被激活，清香中还会透着淡淡的鲜美，一碗看似寻常的鸡蛋汤便有了"风华绝代"的味道。而伴随着口舌的这份满足感，一点小欢喜瞬间也便涌上了心头。

一蔬一饭里藏着四季轮回，也藏着人世间的喜怒哀乐，这不就是寻常百姓的真实生活吗？

让鲁迅成为"迷弟"的荥阳柿霜糖

用柿霜加工而成的柿霜糖，口感细腻、清凉，入口即化。而且，那甜并不浓烈，是呈循序渐进式的，甜不腻口，还透着一丝凉爽，颇受老人儿童喜爱。也难怪鲁迅只吃了一口就瞬间缴械，秒变为柿霜糖的"小迷弟"了。

好吃到让鲁迅停不下来的柿霜糖

鲁迅的形象似乎总是与"横眉冷对"这样的成语相关，但鲁迅也是一枚超级大吃货，且爱吃甜品、水果等女生最爱的零嘴小食，还是荥阳柿霜糖的"小迷弟"呢。

1926年，鲁迅作《马上日记》，爆料了自己吃柿霜糖的情节：有朋友从河南来，送给鲁迅一包方糖，鲁迅打开一尝，"又凉又细腻，确是好东西"，迫不及待吃起来。许广平告诉他，这是河南名产，用柿霜制成，性凉，如果嘴上生些小疮之类，一搽便好。

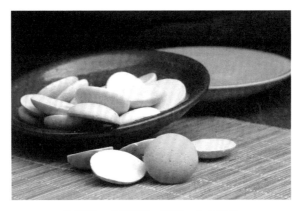

柿霜糖，口感细腻、清凉，入口即化

鲁迅于是用文字记下了他当时的遗憾："可惜她说的时候，我已经吃了一大半了，连忙将所余收起，预备嘴上生疮的时候，好用这来搽。"收是收了，可是这美味却让鲁迅总惦记着，以至于夜里都睡不着，实在忍不住，爬起来又吃掉大半——"因为我忽而又以为嘴上生疮的时候究竟不很多，还不如现在趁新鲜吃一点，不料一吃，就又吃了一大半了。"（潘彩霞《舌尖上的鲁迅先生》）

每看到这里，总忍不住莞尔：原来一向以"战士"示人的鲁迅竟也是个如此可爱的超级吃货呀！

这柿霜糖该是有多好吃，竟惹得鲁迅他老人家如此"馋嘴"？

先来科普一下：柿霜糖，是用柿饼外面的一层柿霜加工而成，一般直径约 0.5 厘米，性凉，食药两用，味道凉甜，治口舌生疮，是解热消暑佳品。

《本草纲目》载："柿霜乃柿精液，入肺病上焦，药尤佳。"《本草经疏》亦记载："柿霜，其功长于清肃上焦火邪，兼能益脾开胃。"

因柿霜性凉、润肺，因此，用柿霜加工而成的柿霜糖，口感细腻、清凉，入口即化。而且，那甜并不浓烈，是呈循序渐进式的，甜不腻口，还透着一丝凉爽，颇受老人儿童喜爱。也难怪鲁迅只吃了一口就瞬间缴械，秒变为柿霜糖的"小迷弟"了。

唐代文学家曾为柿子"打 call"

被鲁迅力挺的柿霜糖乃是河南荥阳所产。

"河阴石榴美，荥阳柿子甜。"荥阳盛产柿子，因此，荥阳的柿饼、柿霜糖也相当著名。而且，荥阳柿霜糖，也是目前国内生产的唯一的柿霜产品。

2009 年，荥阳柿树栽培及柿饼制作技艺入选第二批河南省省级非物质文化遗产名录；2011 年，荥阳霜糖（柿霜糖）制作技艺入选第三批河南省省级非物质文化遗产名录。

柿子，与桃、杏、李、荔枝、龙眼、梨、橙、枣、椰子、甘蔗等水果一样，是中国传统的"土著"水果之一，先秦时期就已普遍流行。且因"柿"与"事"同音，外形又与灯笼相似，因此被赋予了"事事如意""事事顺心"之寓意，是中国传统的"吉祥果"之一。除了有时令的流行水果身份以外，柿子还有供品、节令食品以及婚庆、祝寿的"功能模块"。

柿子的品种很多，黄柿、红柿、朱柿、盖柿、脆柿、火柿、罗田柿、懒柿子等，但如《农书》所说："诸柿食之，皆善而益人。"

白天太阳烘晒，晚上低温霜冻，一般 15 天左右，
红彤彤的柿子就转变成一块块美味的柿饼了

柿子性凉，有清热、润肺、生津、解毒之效；柿蒂，有理气之功，
善降胃气，因而是止呃逆之要药；用柿子酿的柿子醋，温水冲沏，
还有治疗小儿肚子疼的功效。这样的柿子，国人又怎能不爱？

早在唐代，著名诗人、小说家段成式就在其所著的志怪小说
集《酉阳杂俎》一书中为柿"打 call"了："柿，俗谓柿树有七德：
一寿，二多阴，三无鸟巢，四无虫，五霜叶可玩，六嘉实，七落
叶肥大。"

这段话，是段成式收录总结的当时民间对于柿子、柿树的"风
评"，并总结为"德"，柿子、柿树的口碑之好也由此可见一斑！

顺带提一下，在唐代诗坛上，段成式是与杜牧、李商隐、温
庭筠齐名的诗人。段成式的父亲曾官至宰相，段成式年轻时不仅
是学霸，还热爱运动，搁到现在来说，绝对是一枚妥妥的流量明星。

段成式虽出身"官二代"，但为人低调，谦卑有礼，人缘、官声都极好，后官至太常少卿。《酉阳杂俎》在中国文化史上有极其重要的史料价值和科学价值，"自唐以来，推为小说之翘楚"。鲁迅对《酉阳杂俎》尤为推崇，认为这部书与唐代的传奇小说可以"并驾齐驱"："所涉甚广，遂多珍异，为世爱玩，与传奇并驱争先矣。"

柿树有"七德"，采柿也有"德"。在中国人的传统理念中，无论柿子有多甜，每一棵柿树都不能摘完，要"留余"，留下一些柿子喂养度冬的鸟雀。这不仅是中国人善良的体现，也是中国人对大自然、对生命的一种敬畏方式，蕴含了中国人与大自然的和谐共处之道。

很多文人雅士对柿子的热爱已经融入了精神层面。画坛圣手齐白石大师对柿子痴迷得很，一生所画的关于柿子的作品无数，他本人还自号"柿园先生"。

老舍先生，曾亲手在自家小院种下柿子树，并取名"丹柿小院"，其夫人的画室也叫作"双柿斋"。

林语堂旅居美国，在冬日里怀念故乡，最先想到的就是冻柿子："不管白天还是晚上都会听到小贩们叫卖甘美甜润的冻柿子的吆喝声，还有孩子们喜欢吃的冰糖葫芦，裹着冰糖的小果，五六个串成一串，染上红色招徕顾客。"

冻柿子，是最具北方特色的冬季水果之一。冰天雪地的冬天，把柿子放室外冰冻，寒风一吹，像一张张红扑扑的小脸蛋，不久，柿衣上就会结起一层晶薄的冰壳儿，冻得硬邦邦的，这就是冻柿子了。待柿子里面的果肉稍变软，将其拎出来朝上装在碗里，揭开蒂盖，用小勺子舀着吃，蜜汁混合着冰碴儿，还有柿子中的小舌头，一口下肚，凉凉的，润滑、甘脆。

家乡，就这样通过林语堂笔下的美食越发生动了起来。所以说，美食，是逃不掉的家乡记忆。

等到风霜甜不溜

河南柿子以荥阳所产较为著名，荥阳柿子也是全国农产品地理标志之一。

乾隆年间的《荥阳县志》记载："今荥阳蚩蚩之众，为资生口计，种柿者十之九。"

1938 年，荥阳柿子产量达到鼎盛时期，仅柿饼中的一种——炕饼产量就达到 500 多万公斤，远销海外。

柿子的收获期是在霜降之后，冬日干燥则正是晒柿子的好机会，手工刨皮、上晒、压饼、打包等一道道工序摆开了阵势，在红色、黄色的柿子包裹中，也成了喜庆的海洋。白天太阳烘晒，晚上低温霜冻，一般 15 天左右，红彤彤的柿子就转变成一块块美味的柿饼了。

在零食品类琳琅满目的今天，柿饼并没有那么受欢迎了。但很多"70"后至今还记得，在物质生活较为匮乏的那个年代，甜糯清香的柿饼承载了很多孩子对于"美食"、对于"甜美"这些词语的美好记忆。那个时候，每当深秋，有条件的人家都会买来几个柿饼储放起来，给家里的孩子们解馋。那时候的柿饼品相是干而不瘪的，瘦而结实的身上还会铺满好多白霜，那白霜就是柿霜。往往，妈妈一边看着孩子们吃柿饼，一边还要不断叮嘱不爱吃柿饼皮的孩子：一定要把白色的柿霜舔干净哦，那可是一味上好的润肺止咳药呢。

荥阳市乔楼镇陈沟村及其周边地区出产的水柿个大、糖多、无核，是柿子中的佼佼者。以这里的水柿子晒制成的柿饼，不仅色泽、口味可在柿饼中称魁，出的柿霜也量多而质高，霜细而柔润。由于其他品种的柿子柿霜量极低，制作不了柿霜糖，因此柿霜糖就成了荥阳特产。

1公斤柿饼最多能"打"出5克柿霜，故而，柿霜糖从出生那天起就注定了它的稀缺性。

柿霜糖制作的技艺主要分打霜、澄缸、熬炼、成型。

柿霜生成时，里面会有杂质。因此，要将柿霜按1∶5的比例加水浸泡，使之溶解。将漂浮的杂质过滤，倒出柿霜水用火熬，将水蒸发掉，直至成半流体状态，然后倒入模子中，冷却后就成了柿霜糖。

听起来很简单，但做起来其实很烦琐。比如打霜。要用竹编的"漏子"（筛子的一种，但底孔较大）过漏柿饼上的柿霜。一般来说，过了农历交九即开始"打霜"，柿霜"打"过之后，柿饼还可再出霜。但腊八之后不能再打。因为一旦再打霜，柿饼将不再出霜，会严重影响柿饼的质量。"打"出来的柿霜，要收集于干净的器具内，避免污染，以备加工。

熬炼也是个技术活儿。过去多用熬糖稀用的大铁锅熬炼柿霜，近年来多用不锈钢锅。熬炼时，大火加热至沸腾，蒸发水分，使锅中液体外观呈枣红色。这时，改为文火加热，到搅棒能拔出细丝，且牵连不断，再停止加热。停止加热后，仍需不停地搅动糖液，直到糖液由红色变为白色。这样，霜糖糖坯便熬炼成功。

过去，霜糖分"广糖"和"行糖"两类，广糖主要销往广东及海外，"行糖"主要在荥阳周边省市销售。

由于柿霜糖的制作工艺烦琐，且以手工制作为主，人工成本越来越高，再加上很多年轻人已经不再愿意加入到出活儿慢、挣钱慢的制作柿霜糖的队伍中来了，因此，柿霜糖的产量也在呈断崖式减少。1966年，荥阳柿霜糖出口还能达到4396公斤，而到了1985年，柿霜糖的产量仅有1000公斤。进入21世纪后，柿霜糖的产量更低，成批出口外销已经达不到。

作为柿霜糖的主产地，如今，荥阳市乔楼镇被政府给予积极的政策扶植，引导村民保护柿树、多种植柿树，对柿子深加工企业予以政策支持等，"大力宣传荥阳柿子、柿霜糖"，以发挥它更大的经济作用。也许不久的将来，鲁迅他老人家念念不忘的柿霜糖会再现当年盛世之景。

从宋朝就开始流行的
爆款水果河阴石榴

舀一勺入杯，看那酒体颜色如石榴籽一样，红得透亮，红得清爽又热烈。品一口，新酿的河阴石榴酒绵甜、滑软，令人神清气爽中又按捺不住内心的欢快，微醺之处，大有"榴花院落，时闻求友之莺；细柳亭轩，乍见引雏之燕"之妙境。

河阴石榴，很"燃"

河阴石榴，近年很"燃"。

河阴石榴，是中国国家地理标志产品，因其石榴籽粒大饱满、渣软、汁水多、甜度高，自古有名，近年来备受各路吃货的集体追捧。每逢农历八月，在河阴石榴的成熟季节，由于前来采购河阴石榴的车辆较多，整个荥阳境内就会出现"还似旧时游上苑，车如流水马如龙"的热闹场面。

荥阳的河阴石榴，始于汉、盛于唐，至今已有两千余年的栽培历史了。南北朝时期的《齐民要术》记载："陆机曰：'张骞为汉使外国十八年，得涂林。涂林，安石榴也。'"康熙三十年（1691）《河阴县志·山川志》云："石榴峪去县西北二十里，汉张骞出使西域得涂林安石榴归植于此。河阴石榴味甘而色红，且巨，由其种异也，有一株盈抱者，相传为张骞时故物。"

民国六年（1917）《河阴县志》云："北山（指广武山）石榴，其色古，籽盈满，其味甘而无渣滓，甲于天下。""安石榴，土产石榴，自古著名，《中志》云：'渣殊软，子稀而大且甘，土人以仙石榴名之。'"

元朝农学家王祯在其编撰的《农书》中《百谷谱集之八·果属·石榴》一节中谓："中原河阴者最佳。"

北宋时期，河阴石榴就是首都开封城内的爆款水果之一，孟元老直接在《东京梦华录》中为河阴石榴打了"广告"："又有托小盘卖干果子，乃旋炒银杏、栗子、河北鸭梨……胶枣、枣圈……核桃、肉牙枣、海红、嘉庆子、林檎旋（即沙果、花红）……河阴石榴……"

1986年，作为与中国建交的礼物，突尼斯向中国赠送了6棵软籽石榴树苗，定居于河阴石榴基地。经过三十余年的不断培育、发展，如今，已经成为国内石榴界著名的品种之一：突尼斯软渣石榴。虽然个头较小，然而汁水更多、甜度更高。

如此看来，被广大吃货集体追捧的河阴石榴"软籽"的炼成并不是一蹴而就的，是经过数百年甚至上千年的不断修炼而成的。

如今的河阴石榴，不仅承继了古代河阴石榴"渣殊软，子稀而大且甘"的特点，品种也更加丰富，主要有：河阴软籽石榴，俗称软渣石榴；河阴铜皮石榴；河阴大红甜石榴；河阴大白甜石榴；河阴铁皮石榴；突尼斯软渣石榴等品种。

从两千多年前张骞出使西域算起，到三十多年前突尼斯赠送软籽石榴树苗，河阴石榴的发展史，更像是以共商、共建、共享原则建设的"一带一路"的发展史，是中国与"一带一路"沿线国家全方位交流的和平友谊之路的见证者，也是中国倡导文明宽容，加强与世界其他不同文明之间的对话，求同存异、兼容并蓄、和平共处原则的共建成果的代表之一。

石榴是个"吉祥果"

石榴，不仅好吃，还因其多籽而被视为"多子""多福"的象征，有浓浓的吉祥的寓意，所以，在中国传统民俗中占据着相当重要的位置。无论是中国的传统节日中秋节，还是结婚、拜寿、祭祖，都少不了石榴这个"吉祥果"。

正月初一有石榴，取"欢聚一堂，阖家美满"的吉庆；正月十六有石榴，借"十六"的谐音，含有甜甜美美过十六，阖家甜美、人丁兴旺的深意。

根据《东京梦华录》的记载，北宋时期，首都以及大部分河南人过中秋节的标配水果之一就是石榴，这种习惯后来一直保留到清末民初。民国初年，每至中秋节入夜时，以开封为代表的河南境内的大部分人家都会在自己院内、庭中摆上月饼、西瓜，以及石榴、柿子、苹果、枣、梨等五种水果组成的"五色果供"，主妇们焚香、祭拜后，带领全家人一起品美食、瓜果，等月亮升至中天方散……"闾里儿童，连宵嬉戏。夜市骈阗，至于通晓"。

九月九，重阳佳节，是石榴长得果粒饱满熟透的日子。这时的石榴籽，红色的红得发紫，白色的晶莹剔透。带石榴登高，取"甜美圆满、步步高升"之意。《东京梦华录》记载，北宋重阳节的前一两日，首都开封城内，有家家户户蒸糕走亲戚的习俗，蒸糕上面，还要掺和一些石榴籽、栗子黄、银杏、松子肉之类的果仁。

石榴是祝寿的佳品。以石榴为主要果品向老人祝寿，含有多子多福、生活甜美的祝福之意。

石榴是婚庆的佳品，以石榴为礼品献给新人，含有祝福新人多生贵子，家族兴旺之意。古代，青年男女结婚时，洞房里一般要悬挂两个大红石榴，或于新房案头或他处置放切开果皮、露出浆果的石榴。给新人送结婚礼品也要送一对绣有大石榴的枕头，祝他们早得贵子。

初生贵子，亲友一般赠送绣有石榴图案的鞋、帽、衣服、枕头等，以示祝贺。

古代，石榴还是赠别的佳品。当亲朋出远门，不得不送别之时，除了折柳枝表示留恋之意而外，赠送石榴既表达不忍别离（"实留"）之情，又带有祝福前程"甜美圆满"之意。

石榴花色繁多，但以火红为主色。农历四月花开一片灿烂："一色生红三十里，际山多少石榴花？""百株当户牖，万火照楼台。"民间遂将四月称为"榴月"，女子身着这种色彩鲜明的火红色裙子，就被人们称作"石榴裙"。还有一种说法是由于石榴裙的红色是由石榴花提取的颜料染色而成的，所以称为石榴裙，而红色的石榴裙也就成为美女的代名词。

中国传统年画"百子图"，最早是以周文王与他的孩子们为人物原型描绘的，后来民间便把此画演绎成一个胖娃娃怀抱果皮绽开的大石榴，"以示子孙众多也"。

古代的一些民间乐器、建筑以及糕点上，也常用石榴图案作装饰。

石榴的全身都是宝

但如果仅仅把石榴当作水果吃，那你就太低估石榴的价值了。

石榴果实性温涩，具润燥收敛之效，可治咽喉燥渴；连籽带渣一起吃下，还可消食化积，对小儿尤为适宜；石榴的根可以驱除绦虫，果皮可止痢止泻；石榴的叶子洗眼可除眼疾，还可制成保健石榴叶茶……总之，石榴的全身都是宝。

在荥阳当地，有一句农谚："兽医着了急，苍术石榴皮。"大意是：家里的牛、羊、马等牲畜一旦有腹泻急症出现，用石榴皮或者苍术泡水让牲畜饮用，或者把石榴皮切碎放入牲畜的饲料中，牲畜一吃即好。这些都是劳动人民在生活实践中不断观察、总结的经验，充满着劳动人民的生活智慧。

石榴还是一种天然的染料。明代大诗人徐渭就曾在《燕京五月歌》一诗中提到过石榴的"染料"作用："石榴花开街欲焚，蟠枝屈杂皆崩云。千门万户买不尽，剩与女儿染红裙。"而现代科学也证明：石榴皮中含有21%以上的鞣质，可作为鞣皮工业和棉毛染织业的原料。

石榴含果汁较多，可加工成清凉饮料，有的品种还可以酿酒和制醋。元代太医忽思慧在《饮膳正要》中收录的就有宋代民间比较流行的石榴浆、小石榴煎等用石榴制成的饮品。

石榴还可以酿酒，而用河阴石榴酿的酒，那滋味又怎"销魂"二字了得？今年67岁的刘永朝，是高村乡刘沟村人，也是河南省省级非物质文化遗产河阴石榴栽培技艺的代表性传承人，从他的祖父一辈算起，刘氏家族栽培河阴石榴至今已有近百年历史了。而在长年种植石榴的过程中，闲暇之时用家里余留的河阴石榴酿酒喝，也是刘家人的一大乐事。

大陶缸内，放入河阴石榴籽并铺上冰糖封存。在此后的三个月中，要定期进行放气、过滤、沉淀等工序。最后，等待时间的二次发酵。三个月后，当时间与石榴籽进行了数次交融、对话后，打开缸口，一股带着果香的清甜之气瞬间冲出缸体直奔人的口鼻而来，那香气不仅清甜，还带着一丝隐隐的清冽之气，于是，香气更加高远，也更加沁人心脾。

舀一勺入杯，看那酒体颜色如石榴籽一样，红得透亮，红得清爽又热烈。品一口，石榴酒绵甜、滑软，亦有经过时间的二次发酵后带着的微微的酒精度数，令人神清气爽中又按捺不住内心的欢快，微醺之处，大有"榴花院落，时闻求友之莺；细柳亭轩，乍见引雏之燕"之妙境。

刘永朝说，用石榴籽加冰糖酿酒，是一种古法，既方便也很健康、纯天然，非常符合现代人的健康养生观。用这种方法酿制的石榴酒，三个月就可以饮用了，但如果讲究口感的话，以一年的石榴酒为最好。

除了石榴酒，石榴还可以做成石榴宴、石榴蔬菜沙拉、石榴叶茶、原汁石榴饮，软籽石榴创新主题菜肴等，为外地游客开启了别样的舌尖之旅。

刘沟村，曾是远近闻名的省级贫困村。为尽快让全村贫困群众摆脱贫穷，2004 年，荥阳市委、市政府决定走因地制宜、产业扶贫这条路子，聚焦北部贫困地区，瞄准石榴产业，出台多项优惠扶持政策，通过"公司＋基地＋贫困户"的捆绑模式，实施产业化、规模化种植，形成产业连片组团效应，辐射带动引领精准扶贫，实现贫困群众持续增收、稳定脱贫。为进一步扩大石榴产业的脱贫带动效应，荥阳以完善基础设施为抓手，对石榴产业带进行"升级"规划设计，强化组团连片发展优势，打造集采摘、休闲、苗圃、旅游等于一体的产业观光带，提升石榴产业的效益。2007 年 5 月，"河阴石榴"被认定为"中华人民共和国地理标志保护产品"；2008 年，"河阴石榴"通过无公害农产品认证暨产地认证；2013 年，"河阴石榴种植及产业标准化示范区"被确定为第八批国家石榴种植标准化示范区……一步一步，凭借石榴种植，刘沟村在 2010 年摘掉了"省级贫困村"的帽子，变成远近闻名的石榴种植富裕村。2017 年，刘沟村人均收入已达 3.2 万元，其中种植经营大户收入突破 200 万元。

依托"河阴石榴"，刘沟村不仅实现了自身脱贫，还辐射带动周边广武、汜水、王村、高山等乡镇村组发展石榴产业，目前已经形成了长达 15 公里、面积达 4 万亩的河阴石榴产业带，成为助推当地经济发展的新引擎。

一个个红彤彤的小石榴，果然成了人民美好生活的"吉祥果"。

河南省省级非物质文化遗产河阴石榴栽培技艺代表性传承人刘永朝和他栽培的河阴石榴

腊肉的味道

撕一块兔肉放进嘴里，肉质筋道、耐嚼，间或还透着一丝被时间二次制造出来的味道，那至醇至香的口感既有"蓦然回首，那人却在灯火阑珊处"的惊喜，更有"春露雨添花，花动一山春色"的清雅，或下酒，或佐餐，乃消夜佳肴。

有一种美味叫五香风干兔肉

五香风干兔肉相貌并不惊人，还有点黑不溜秋的，可撕一块兔肉放进嘴里，肉质筋道、耐嚼，间或还透着一丝被时间二次制造出来的味道，那至醇至香的口感既有"蓦然回首，那人却在灯火阑珊处"的惊喜，更有"春露雨添花，花动一山春色"的清雅，或下酒，或佐餐，乃消夜佳肴。

五香风干兔肉是中牟的一道经典传统风味。

五香兔肉的制作很是独特、讲究。一般选用 1.5 公斤左右的兔子，开膛剥皮、去内脏，置阴凉通风处风干7日，再入冷水浸泡，然后剁块用开水余洗，置于锅内，中间留一圆洞，放置花椒、大小茴香、砂仁、豆蔻、丁香、面酱、冰糖、白糖、苹果等辅料，加入老汤，大火烧开后改为小火煮一小时，捞出晾凉，最后再涂抹一层小磨香油即成。

五香风干兔肉是河南的一道传统小吃，主要在开封、中牟等地流传，老开封的长春轩兔肉曾经是五香风干兔肉的"天花板"。1900年八国联军进北京，慈禧、光绪仓皇出逃。1901年10月，慈禧、光绪一行回銮途中路经开封，河南巡捋特意请开封长春轩名师制作五香兔肉进奉，慈禧尝后大加赞赏，并传话说回北京时要捎回若干。从此，不但长春轩声名鹊起、家喻户晓，开封、中牟制作和出售五香兔肉的商家也趁势而起，增加了许多，每至夜晚挑担沿街叫卖者亦不在少数。通常都是一盏"电石灯"，两个托盘，几个碟子，内置兔肉，就是全副家当了。

按旧例，风干兔肉不计重量，论块出售。一只兔子剁八块，前腿两块、后腿两块、腰窝两块（称"蝙蝠"，即为两肋）或三块、后座（臀部）一块、脖子一块（如腰窝为三块，则无脖子）。另外兔头、内脏亦卤制出售，不在八块之列。

中牟孟家制作的五香兔肉，最初是给自家人吃，后来逐步发展为对外销售，赚钱养家糊口。如今，五香兔肉的制作技艺已被列入郑州市非物质文化遗产名录，成为中牟的代表性美食之一。

做给孩子吃的香肠

香肠，就是腊肠。大概是因为腊肠太香的缘故吧，所以老郑州人喜欢称呼腊肠为香肠，久而久之，香肠就成了郑州人对腊肠的专有称呼了。

香肠，原本并不是郑州特产，但因为是一位妈妈做给自家孩子吃的香肠而引起了全城追捧，于是，"咱家小院·超姐"家的餐厅因为香肠"副业"而出了圈。

粉白的肉丁经过花椒、辣椒、白胡椒、黑胡椒、盐、酱油、黄酒和白糖的轮番洗礼，已经变得黄中透红，温润柔美；白色的肠衣，经过几番浸泡和搓洗，干净到几乎透明；大漏斗套上，红黄温润的肉馅汩汩地涌入肠衣，师傅们用手边灌边捋，把肠衣里的空气挤出，看长长的一段肉全部压实了，再拿根儿棉线紧紧扎住；最后，就是挂香肠了。竹竿上，那一串串沉甸甸、红艳艳的香肠垂下来，恰如一树树成熟的果子一般，可爱极了。

冬日冷冽的风吹着新鲜的香肠，经过阳光的照晒，香肠开始脱水、发酵，由软变硬，颜色也开始由红变暗，20多天后，风干后的腊肠看起来又暗又硬，没那么好看了，但香肠的美食之旅却正式开启了。

洗净、蒸煮、切片，香肠的颜色也开始变得红亮起来。原味的香肠透着酱香和丝丝甜味儿；麻辣味的香肠并没有想象中的泼辣、霸气，而是一口吃完，口中才有了循序渐进的香麻、香辣的感觉，有点"随风潜入夜，润物细无声"的意思；最诱人的还是黑胡椒味儿的香肠，柔美中有一丝韧劲，胡椒的辛香中还含着一层暖意，一口香肠吃完，感觉浑身都是暖融融的。

超姐做腊肠，其实是无心插柳。当初，因为自家孩子喜欢吃香肠，而超姐担心市场上买的香肠里面添加剂过多，就根据老父亲家传的方子自己亲手做给孩子吃，谁知道孩子一尝，就爱上了。后来连带着周围的亲戚好友，都开始喜欢超姐的香肠了。再后来，超姐家的香肠就成了她家餐厅的一张名片，并渐渐出了圈。

跟西方人不同，中国父母和孩子之间，很少把"爱"这个字眼儿挂在嘴边。但是，中国的父母似乎更愿意花费更多的时间和精力把"爱"浓缩在一顿饭、一根香肠、一碗面上，然后，看着孩子们狼吞虎咽、风卷残云般清扫完毕，那就是他们最大的满足和骄傲，那就是他们对孩子爱的表达方式。

留住了胃，也就留住了心。家常、美味，就这样把亲情浓浓地裹在了一起，扯不断、理还乱。

说说腊肉那点事儿

五香风干兔肉与香肠，说起来同宗，都属腊肉一类。腊肉在中国的南方、北方都有。腊肉最早出现的目的是保存食物。临冬猪肥，乡民宰杀年猪，利用晒、腌、熏等方法，保证开春之前的肉食供应。但正是这个一不留神的举动，让中国人获得了与鲜食截然不同甚至更加鲜美的味道。

"灌肠",南北朝时期就有了。《齐民要术》:"灌肠法:取羊盘肠,净洗治。细剉羊肉,令如笼肉。细切葱白、盐、豉汁、姜、椒末调和,令咸淡适口,以灌肠。两条夹而炙之。割食甚香美。"这"灌肠",可谓见诸文字的中国最早的"香肠"类食品了,是用木杖夹着上火烤熟后用刀切割而食的。

腊肉在古代应该属于"脯"(肉干)类食品。《礼记》中就记有鹿脯、田豕脯、麇脯等名品,《论语》中也有"沽酒市脯不食"句,可见,春秋时期的鲁国市场上就已有"脯"出售了。从长沙马王堆一号汉墓出土的竹简、汉代桓宽所著的《盐铁论》以及《史记》记载可知,汉代,牛脯、鹿脯、羊胃脯、牛百叶脯等都比较流行。根据《史记》等文献记载,羊胃脯的制作方法,是先用沸水将羊

腊肉的魅力

胃焯熟，然后在羊胃上抹上花椒、姜末，再将其晒干而成。由于制作简单，且风味独具，当时一位浊氏商人因卖胃脯而发家致富。

从中牟五香风干兔肉的制作方法来看，五香风干兔肉的制作方法与古老的"脯"的制作工艺接近，这么算来的话，五香风干兔肉延续的"脯"的制作技艺距今已有 2000 多年的历史了。

随着时代的更迭，畜牧业的发展、发达，脯肉的品种也在不断更新、丰富，古代"脯"的概念、制作方式也在不断演化。"腊肉"一词，宋代即有，与"脯"稍有不同的是，大部分腊肉是直接用生肉进行腌渍的，不再焯熟。至明代，"腊肉""火肉"等腌渍类食品成为主流。"火肉"是在腊肉的基础上又多了一层用稻草烟熏的环节，与当代火腿的制作方法基本相同，大概今日"火腿"的称呼就是源于"火肉"吧。

时至今日，无论南北，用腌渍二法制作出来的肉，我们都统统称之为"腊肉"，"脯"的称呼已然成过去式了。但这些被时间二次制造出来的食物，依然影响着中国人的日常饮食，并且蕴藏着中华民族对于滋味和世道人心的某种特殊的感触。

西瓜、扣肉和臭豆

臭豆终于晒干了，看起来灰头土脸，闻起来也是臭臭的。然而当其貌不扬的臭豆遇上菠菜、葱花、生姜、粉条、西红柿、辣椒、香菜和香油后，那浓浓的似臭非臭、又透着一股与鲜食截然不同甚至更为鲜美的味道便直入鼻腔，品一口汤汁，霎时，那"遥知不是雪，为有暗香来"的旖旎便溢满口腔，久久挥之不去。

"非遗"西瓜

夏季，郑州人吃西瓜，首选中牟、开封的西瓜，因为，这两个地方产出的西瓜甜、水分足，且瓜瓤脆中带沙。部分老郑州人还有个贮瓜经验：选几个新鲜的中牟西瓜，在家中常温放置四五天，原本脆中带沙的西瓜就变成了纯粹的沙瓤西瓜了。

中牟西瓜，是中牟县特产，全国农产品地理标志产品。

中牟地处豫东冲积平原，县南部以沙质土壤为主，中、北部以两合土为主，通透性好，吸热散热快，昼夜温差大，利于养分积累、提高含糖量，适合种植西瓜。中牟西瓜，个大且均匀，皮色漂亮，口感出类拔萃，沙瓤、甜度高、入口即化，品质极佳。

据史料记载，中牟是较早种植西瓜的地区之一，至今有七八百年的历史。一代代瓜农们在种植实践中，在传统的栽培方式基础上，在耕翻土地、配施肥料、播种育苗、田间管理、果实采收中不断探索、总结出的新的栽培技艺已经被列入郑州市非物质文化遗产名录。目前，中牟县的西瓜种植已成为中牟农业的支柱产业之一。

西瓜不仅可鲜食，还可以酿酒、做瓜豆酱。

西瓜酒酿制技艺源于中牟县大孟镇草场村田氏传统粮食酒酿制技艺，至今已传承了六代人，延续了120多年的历史了，也是郑州市非物质文化遗产代表性项目。田氏西瓜酒，以中牟当地所产的西瓜原汁为主料，用传统工艺酿制而成，现已推出西瓜白酒、西瓜啤酒、西瓜香槟等系列西瓜酒，并注册了西瓜酒商标，其酿制技艺已获得国家专利。

三伏天才有的"瓜豆酱"

瓜豆酱，俗称西瓜酱、豆糁，中牟瓜豆酱制作技艺是郑州市非物质文化遗产代表性项目，是以当地盛产的新鲜西瓜为主要原料，加以黄豆、面粉天然晒制而成，色泽油润、风味独特，自古以来就是中原一带家常菜。既可直接食用，又可做调料炒、蒸，加工制作成多种佳肴。

瓜豆酱制作的最佳时节正是三伏天。此时，也正是西瓜的成熟季节。首先,选料。选择完全熟透的西瓜，以沙甜薄皮西瓜最佳；黄豆，则要求饱满、无霉烂变质颗粒。接下来就开始煮豆、捂豆、晒豆、晒酱等工序了。

煮豆：将黄豆煮熟为止，完全保持黄豆的颗粒状态，火候稍大为宜。拌面：黄豆煮好后，捞出边控水边拌面，水控好后放到簸箕里撒上白面粉，上下簸动使每个豆粒均匀滚上面粉。捂豆：首先准备好一个捂豆的地方，要求能保温而不透风。预备好一些麦秸秆或是锯末铺在地上（用来给豆子保持温度），再在上面铺上一层袋子或是厚一点的纸，将滚好面的豆均匀地摊在纸上，上面

晒好的瓜豆酱，加上葱花、辣椒等爆炒后，鲜美可口

再铺一层白纸，纸的上面再盖上棉被，开始捂豆。捂豆中不能掀开棉被，以防温度变化。

晒豆：三天后，会闻到很重的霉味，说明豆已捂好，掀开棉被与纸，这时豆面上有厚厚的一层褐黄色的茸毛（霉菌），豆子之间黏黏地粘连着。将豆取出摊在阳光最好的地方开始晒豆。

搓豆：豆子晒干后轻轻搓去豆面的绒毛，用簸箕簸去杂质。

下缸：最好在室内，将簸好的豆放入缸内，西瓜去皮捣烂和食盐一同放入缸内，搅拌均匀。比例为：1斤豆、4斤瓜、4两盐，1：4：0.4。

晒酱：下完缸后，盖上白布用绳扎好口，放到太阳充足的地方开始晒。晒实际也叫发酵，下缸的第二天，视酱的稀稠加入花椒、茴香、大料熬制的水。下缸第三天，酱面向上鼓起为明显发酵状态，随之酱味开始逐渐浓郁，酱色开始加深为黄褐色。发酵将结束时，加入姜丝或姜片，有的还加入煮熟的花生豆。

最后，则是搅酱：每天早上或晚上搅酱一次，搅酱最好上下翻搅，大约一个月后，瓜豆酱就能食用了。

中牟县政协委员、中牟县餐饮协会会长、开顺酒店总经理邵开顺介绍，晒成的瓜豆酱，舀一勺，浇上香油就可以吃了。也可以掺肉丁、藕丁、花生瓣、辣椒等一起爆炒，味道更是鲜美。先用热油爆炒葱花，然后挖三四勺瓜豆酱添点水和匀了，放在锅中翻炒一下。当然，在炒制过程中可以根据自己的口味随意搭配，比如爆炒葱花时可以加入肉丁，或者青红辣椒、花生等。热油炒过的瓜豆酱夹在热馒头或者热窝头里，更加鲜美可口，让人欲罢

邵开顺在制作扣碗瓜豆肉。这道菜，酥香软嫩，入口即化，口感很"燃"

不能。中牟人有句俗话：窝头蘸酱，越吃越胖！

邵开顺介绍，用瓜豆酱制作的扣碗瓜豆肉也是中牟的特色饮食之一。主料选用猪五花肉和瓜豆酱，五花肉需要油炸起肘沙皮，切片摆在碗里加上瓜豆酱一起蒸。蒸酥后，把肉反扣在碗中，俗称扣肉。这道菜酥香软嫩，爽滑弹牙，且入口即化，香而不腻，口感非常"燃"。

闻起来臭，吃起来香的非物质文化遗产

二月二，捂臭豆，是中牟的传统民俗。

臭豆，是黄豆被时间二次制造出来的食物，是经过煮、捂、焖、

发酵、晒制等工序后蜕变出的与新鲜黄豆截然不同、更具颠覆性诱惑的美味。从煮黄豆、包草窝，再到发酵、晒干，一枚臭豆的蜕变往往需要将近一个月的时间。

用麦秸软草覆盖泡煮好的黄豆（麦秸软草要"短、软、厚、密"），放在朝阳处或用塑料布再密封捂焖发酵 7 天左右，直到能扯出长达 40 多厘米的黏丝才算初战告捷。而在等待臭豆发酵、长出菌丝的过程中，对于臭豆汤的期待在心底会更加滋生、蔓延……

臭豆终于晒干了，但看起来灰头土脸，闻起来也是臭臭的。然而当其貌不扬的臭豆遇上菠菜、葱花、生姜、粉条、西红柿、辣椒、香菜和香油后，那浓浓的似臭非臭、又透着一股与鲜食截然不同甚至更为鲜美的味道便直入鼻腔，品一口汤汁，霎时，那"遥知不是雪，为有暗香来"的旖旎便溢满口腔，久久挥之不去。

臭豆汤及其制作食材

据当地传说，臭豆源于东汉末，地点是曹操的草料场（今中牟县大孟镇草场村）。当时，袁绍突然攻打曹营，曹操下令全部人马出营应战。此时，马夫犯了难：因为他把黄豆刚刚煮好，准备以后给马当料豆用，可现在去上阵迎敌，那煮好的料豆怎么办？也算急中生智，他顺手把料豆放在一个大水缸里并用麦秸料草盖上缸口，就跟着大部队走了。战事结束后，马夫发现原本准备做料豆的黄豆经过煮、捂、焖、发酵后，居然还能成就一番美味，就连曹操也点赞不已。从此，"臭豆"开始了长达千年的发迹史。

姑且不论这个故事的真实性，单说"臭豆"，也确实在中华饮食史上曾有着相当重要的担当。

"臭豆"也叫"豉"，是先秦两汉时期重要的调味品之一，而从《齐民要术》中"作豉法"的详尽描述中亦可知道，我们现在遵循的作豉"套路"其实还是1500多年前的"作豉法"。"豉"不仅可以食用，还可以作为药用。中医认为，豉性苦、辛、凉，归肺、胃经，有解表、除烦，宣发郁热之功效。

无论"豉"的味道还是"豉"的药用功效，与近些年比较流行的日本"纳豆"都有异曲同工之妙。而据中牟当地人相传，唐代天宝十二载，鉴真和尚东渡日本，将"豉"传入日本寺庙，得到了日本僧人的认可，"豉"由此在日本广泛传播，并成为日本当地的特色食品。

传言真伪不敢判定，不过从发酵方法、味道以及保健功效来看，两者之间倒确实有非常相近之处。如果"纳豆"确实只是一个换了马甲的"豉"，或者"纳豆"确实与"豉"是同宗兄弟的话，那么，国人一度对"洋纳豆"保健功效的吹捧不免过于浮夸了。

单从吃货的角度来看，"臭豆"如果只用来烹制臭豆汤，倒是有些可惜了。在一个合格吃货的美食榜上，"臭豆"美食的发挥是无极限的：搭配鸡蛋就是一盘曼妙的"臭豆炒鸡蛋"；搭配洋葱、鸡肉、青菜等，那就是可堪"五辛盘"的"春天的味道"；"臭豆"还可以与排骨同炖，那味道绝对能让你吃出臭鳜鱼的味道来……

总之，在吃货的美食征程上，只有想不到，没有做不出的美味。

雁鸣湖的湖鲜

除了这些"乡味"，中牟还因为有了雁鸣湖，于是，乡味中又独具了一股时尚的湖鲜气。

雁鸣湖坐落于古都开封和郑州之间，郑州中牟县雁鸣湖镇境内。现建成的雁鸣湖景区由6.8万亩森林、5000亩湖面及蒲苇、荷塘与10多个景点组成，是郑汴之间最大的水域，也是黄河湿地的主要组成部分。

雁鸣湖景区因每年冬春栖息众多的大雁而得名。景区内，翠堤环绕，烟波浩渺，景象万千，湖中水草丰美，蒲芦丛生，既有白鹭、大雁、天鹅、水鸭、野鸳鸯等珍稀鸟类栖息繁衍，又有黄河鲤鱼、大闸蟹及草鱼、鲢鱼、鳝、虾、鳖等野生湖鲜产品。绿色、环保、生态特色非常突出，被誉为郑州的后花园。

每年秋季，扎堆跑到雁鸣湖去吃蟹，近些年，渐渐在吃货中开始流行，"图的就是新鲜嘛"。

"九月圆脐十月尖，持螯饮酒菊花天。"一句话，道出了吃蟹有明显的季节性。阴历九月，雌蟹饱满，到了十月雄蟹有膏。因此，过了十月，寒风吹起，正是吃蟹的好时机。

剪掉蒸好的蟹的八只脚，包括两只大钳，放凉后其中的肉会自动与蟹壳分开，很容易被捅出甚至是被吸出，因此要留待最后来吃。将蟹掩（即蟹肚脐部分的一小块盖）去掉，顺势揭开蟹盖。然后，按照先吃蟹盖、后吃蟹身的剧情设计吃蟹，呀，蟹黄的鲜、蟹肉的滑爽就会层层递进着弥散口腔，简直就是一场魔幻而又神奇的舌尖之旅。

中医认为蟹性寒，故常用姜茸、紫苏等调料搭配食蟹。

世人皆谓江浙一带有食蟹传统，就连大闸蟹的命名也与上海

雁鸣湖大闸蟹

方言有关，殊不知，中牟人食蟹也是颇有来历的。中牟，宋代至明清时期属开封府管辖，因此，饮食风俗颇有北宋遗风。

"洗手蟹""蟹生"是宋代名品，据《东京梦华录》所记，开封当时，无论街头小店、夜市，还是宫廷御筵，都有流行食品"洗手蟹"，《梦粱录》所记张俊供宋高宗的御筵单中，"洗手蟹"赫然在列。中牟离首都开封最近，饮食自然也是紧随"食"尚，群而效仿之。

由于首都尚蟹，继而引发全民关注、追捧，无异于今日之"热搜"，因此，北宋还出版了一部世界上第一本关于蟹的专著，傅肱所撰的《蟹谱》。其中的《食品》条云："北人以蟹生析之，酤以盐梅，芼以椒橙，盥手毕，即可食。目为洗手蟹。"

宋人高似孙《蟹略》中亦有关于"洗手蟹"的记述："黄太史赋曰：'蟹微糟而带生。'今人以蟹沃之盐、酒，和以姜、橙，是谓蟹生，亦曰洗手蟹。东坡诗'半壳含黄宜点酒'，即此也。宋景文诗：'曲长溪舫远，宴暮酒螯香。'黄大史诗：'解缚华堂一座倾，忍堪支解见香橙。'……陆放翁诗：'披绵珍鲊经旬熟，斫雪双螯洗手供。'"

从这两段文字可以看出，所谓"洗手蟹"，是取用生蟹，加盐、梅、橙、椒、酒等调料快速腌渍而成的一种食品，因为一洗手工夫便可以食用了，所以称之为"洗手蟹"。当然，这洗手也可理解为客人"洗手"，手洗干净，便可以持螯大嚼起来。

因为"洗手蟹"没有加热，是生食的，故又被叫作"蟹生"。现做现食，先洗手，后进食，确是"蟹生"亦即"洗手蟹"的特色。

蟹，还是北宋首都开封、中牟一带过中秋节的常备佳品，"中秋夜,贵家结饰台榭,民间争占酒楼玩月,丝篁鼎沸"。品蟹赏月,一派"舌尖上的中秋"景象,怪不得后人评价《东京梦华录》其实是一部妥妥的"吃货梦华录"。

甲鱼,也是雁鸣湖出产的名品,黄焖甲鱼则是当地的一道传统名菜。原锅上火注入油,煸葱、姜、蒜,放酱油等,再放汤与甲鱼;大火开锅后去浮沫,改小火,放味精、香油等,再装盘而成。远望去,那条甲鱼比普通的甲鱼个头要大,看似足有三斤多重,尤其裙边更显肥厚。夹一口,那裙边的口感不仅筋道、饱满,而且柔滑、爽美,胶质含量极大;甲鱼肉的鲜嫩中透着香浓,间或还会有一丝淡淡的原野的味道在舌根缠绵。

一座城一旦有了水,不仅气候、空气质量都好了起来,就连食物也都有了灵性。

美食之外话"潘安"

在戏曲中,大凡赞美男子貌美,唱词里大多会出现"貌比潘安"这句话,因此,一直以为潘安只是个虚拟人物。但到了中牟才发现,潘安不仅是历史上真实出现的人物,并且还是土生土长的中牟人。

潘安,名岳,字安仁,出生于魏晋时期的荥阳郡中牟县潘家庄(今郑州市中牟县大潘庄村)。唐朝以后,民间习惯依杜甫的诗句"恐是潘安县,堪留卫玠车"而称之为潘安。

潘安是西晋著名文学家,太康文学的主要代表人物之一。钟嵘用"陆才如海，潘才如江"来形容潘安之才，在《诗品》中更是把潘安的诗歌列为上品；被誉为"中国园林之母"的苏州拙政园的园名出处便是潘安《闲居赋》中"筑室种树，逍遥自得……灌园鬻蔬，以供朝夕之膳……孝乎惟孝，友于兄弟，此亦拙者之为政也"之句。《晋书》载，少年即以才名显于世的潘安，"举秀才，高步一时，为众所疾（疾，此处指妒忌）"，后来虽然官至"给事黄门侍郎"，却因得罪同僚，被诬与奸臣石崇为伍，获罪遭诛。

史载，潘安"至美，每行，老妪以果掷之满车"，由此，为中国文学史上留下了"掷果盈车"的成语典故。但这样的 位美男子还是一位至情至性之人。潘安对结发妻子杨氏一往情深，杨氏早逝，潘安却因怀念妻子而终生未再娶，成为千古佳话，世称"潘杨之好"。姿仪美、诗文美、至情重孝，大概便是因为有如此美好的品行吧，潘安成为中国历史上唯一被传唱了近两千年的"骨灰级"帅哥。

美男跟美食貌似是无关的，但不管是品鉴美食，还是欣赏美男，都是件令人愉悦的事情，因此，就一起"安利"下吧。没准，你到了中牟，还可以听到民间流传的更多关于潘安的传奇故事呢。美好的故事、美好的心情往往也是开胃醒脾的利器。呵呵。

那些年，我们一起吃过的"饼"

葛记焖饼，登封焦盖烧饼，回族油香、油旋、高炉烧饼，这些郑州名饼，你吃过几个？

从《长安十二时辰》里走出来的"胡饼"

《长安十二时辰》曾是 2019 年的网播热剧，但随着 2021 年郑州歌舞剧院唐宫小姐姐的火出圈，"大唐"话题上了热搜后，《长安十二时辰》的"胡饼"也被网友再次关注。有网友扒出：在此剧中，厚厚实实的"胡饼"才是整部剧里的"隐形线索"。

举例为证，《长安十二时辰》中，"胡饼"总是在关键的时候露面：西市开市，剧组将观众们拉入长安城的不是张小敬的水盆羊肉和火晶柿子，而是热腾腾的胡饼；靖安司的安柱国在灯节晚上跟媳妇告别前说想吃胡饼，还特意嘱咐要多放芝麻，然后回到靖安司就被砍了；崔六郎死后，崔器不管走到哪都在头盔里放一张大饼，用来纪念他哥……

《长安十二时辰》中屡屡出现的"爆款"胡饼，在历史上也确是真实存在的，而且是中国饮食史上的名饼之一，在唐代更成为全民食品。日本僧人圆仁在《入唐求法巡礼行记》中，这样记录他在长安的见闻："六日，立春节，赐胡饼、寺粥。时行胡饼，俗家皆然。"

唐代大诗人白居易由江州司马升任忠州刺史时，曾亲手制作胡麻饼，派人送给当时的万州刺史杨敬之，并附上了一首七言绝句："胡麻饼样学京都，面脆油香新出炉。寄与饥馋杨大使，尝看得似辅兴无。"唐代长安的胡麻饼是很有名的，尤以"辅兴坊"制作的最佳，因此白居易有此一比。

之所以开篇先提"胡饼"，是因为流行郑州的传统面食——烧饼，跟胡饼的关系有点特殊。

烧饼，是由胡饼等炉饼演变而来的。

胡饼，汉代即有。史载汉灵帝好胡饼，至唐宋两代，胡饼成为全民食品。关于胡饼的来历，古代一些学者认为，胡饼形似龟鳖的外甲"两面周围蒙合之状"，因此得名；也有学者认为，胡饼因从西域传入内地，故得名（我国古代将北方和西方各少数民族泛称为胡人），又因后赵时，皇帝石勒讳"胡"字，便将胡饼改称为麻饼。

无论哪种观点，胡饼属炉烤的"炉饼"一类，且外皮起壳或者外皮上粘有胡麻都是讲得通的。

"烧饼"之名南北朝时期已经流行了，不过，从贾思勰《齐民要术》中可以看出，那时的中原地区流行的"烧饼"更似今日之羊肉炕馍："作烧饼法：面一斗。羊肉两斤，葱白一合，豉汁及盐，熬令熟。炙之，面当令起。"

元代，胡饼、烧饼之称渐为模糊。至清代，烧饼的制法已与今日无异："以生面或发面团作饼烙之，曰烙饼，曰烧饼，曰火饼。"

由汉代沿传至今的烧饼，如今已成为郑州地区最大众化的传统方便食品，品种很多，有长形的甜烧饼，也有圆形的咸烧饼，有双麻的、单麻的，还有发面的、酥面的、水面的、带馅的……

登封焦盖烧饼，原来是要吃秦桧

登封焦盖烧饼，是郑州市非物质文化遗产代表性项目，因其香脆酥软、制作工艺独特，成为具有登封地域特色的标志性美食，凡来登封旅游的游客，都要买上几个捎回家给亲朋好友品尝，而随着登封焦盖烧饼的美名远扬，中央电视台也曾为登封焦盖烧饼做过专题报道。

登封焦盖烧饼的制作，比较复杂。用一半发面，一半死面，再加少量食油和好后，内敷少量五香粉、油、盐及其他佐料先做成油饼备用；接着在正面用毛刷刷上一层水后，扣在用面箩筛铺得非常均匀的芝麻仁上面；然后，将覆芝麻仁的一面朝上放在炉上，以面皮烙至干涸出浅花为度；再翻过来烙贴芝麻仁的一面，烙至芝麻仁发黄为度；而后起饼放入炉圈内直接烘烤，先烤饼底，后烤饼面。若用疲火 20 分钟，则会烤出硬盖烧饼；若用旺火 10

焦盖烧饼

分钟则会烤出软盖烧饼；而若想烤出焦盖烧饼，还需再加一道工序：即在团面团时，用右手拇指、食指、中指捏住蘸油、盐、五料的小面块尾部不放，同时在左手心把面团团圆后，顺手将小面团捏扁，贴入一层油面，然后包好，再打成圆饼，铺上芝麻，像炕硬盖烧饼一样炕好后，焦盖就会翘起来，因此称之为"焦盖烧饼"。

登封人习惯把微微翘起来的那层金黄色的焦盖称为"开口笑""齿牙笑"，入口酥脆焦香；而打开焦盖，饼中间还有个饼芯儿，入口则咸香绵软、齿颊留香。一个烧饼，两种口感，想不让吃货惦记也是有点困难。

焦盖烧饼的"横空出世"据说跟纪念大英雄岳飞有点关系。相传北宋末期，抗金名将岳飞率领岳家军破郾城后，在登封驻兵稍事休整。其间，岳元帅带一些部将先后在登封的两家小店很低调地吃了几顿便饭，被店家认出后，岳飞坚持照价付了饭钱。一直敬仰岳家军的店主深为感动。后，宋高宗在秦桧的怂恿下，连下12道金牌，逼着岳飞退兵回朝，并以莫须有的罪名在风波亭杀害了岳飞父子。消息传来，百姓无不痛哭失声，对卖国贼秦桧恨得咬牙切齿，痛骂秦桧是"乌龟王八"。登封的那几家店主为了纪念岳元帅，表达自己对秦桧的愤恨，就和面做团，在面团里加上油、盐等佐料，做成有头、有尾、有脚的"乌龟王八"的模样，放在炉火中烘烤，把外盖烧成焦黄色，意为鳖盖，取名"烧桧"，并挂在店门口售卖。听说是"烧桧"，一些百姓就买回家，边嚼"鳖盖"边骂："秦桧你是鳖，谋害忠良如蛇蝎，吃你的肉，喝你的血，先把你的鳖盖揭。"后来，有人说乌龟见火就把头尾四肢缩入盖内，至死也不露到外面，几位店主一商量，又把"烧桧"改成圆形加油、盐、五料，并在背上撒上一层芝麻仁，烧烤时芝麻香气四溢，风味更佳，人们更喜爱吃了。

数百年来，由于代代相传，不断创新，焦盖烧饼越做越精，逐渐形成了如今色金黄、盖焦脆、芯香软的登封美食，被誉为登封当地饮食中的"一绝"。

高炉烧饼

所谓高炉，原是吊炉，又有叫鸡窝炉的，亦叫小炉，是特制的颇为特殊的专用炉，以前可挑担沿街叫卖，现在随着时代的发

高炉烧饼

展，逐渐固定营业，炉顶之锅亦不再吊了。

与其他的烧饼炉不同，吊炉能熔、煎、焙、烤，制出来的烧饼色泽光润，入口酥化，油重而不腻。

高炉烧饼是用发酵面制作的，擀片包芯，砍花摊圆，然后单面粘芝麻贴烤，因此又叫单麻火烧。成熟后，外酥里嫩，多作早点、夜宵食用，并根据个人口味、经济条件，单食或夹食牛羊肉，或夹食火腿肠、炒凉粉、豆腐串、海带丝等，风味各异。2007年，高炉烧饼被评为河南省传统十大风味名吃之一。

烧饼夹炒凉粉，是郑州夜市以及一些小吃摊点的一大特色。红薯淀粉打的凉粉颜色透亮，大平底锅里用豆豉煎炒至起金黄色的锅巴后，撒葱花、青红鲜辣椒碎，然后趁热把凉粉夹进高炉烧饼中，那原本泛着点淡黄焦花的麦色烧饼顿时就变得圆胖起来，咬一口，那泛着焦香的烧饼中有着凉粉的滑爽，凉粉的滑爽中又透着麦饼的甜香，好吃又特别的滋味，能让游子再次想起家乡和家乡的那个她："那年你踏上暮色他乡，你以为那里有你的理想，你看着周围陌生目光，清晨醒来却没人在身旁……我多想回到家乡，再回到她的身旁，看她的温柔善良，来抚慰我的心伤……"

技艺快要失传的油旋

油旋，是一种旋涡状葱油小饼，清代袁枚的《随园食单》称之蓑衣饼，据说是从唐代的"石鏊饼"的基础上演变而来的，是河南传统十大风味名吃之一。

将小麦精粉和成软软的面团，蘸水反复地和，至柔软光滑时，下成剂，摔打成长形薄片，撒上精盐末，放上葱花，均匀地摊一

油旋

层瘦肉馅，再放上些肥肉丁，卷成卷，捺成圆饼。然后，将饼放入烧热的平底锅内烙制，边烙边抹油，香味溢出，外皮黄焦，来回翻转，反复抹油，待两面都成柿黄色，再抹一层油，稍烘烤一下即成。刚出锅的油旋色泽金黄，内软外酥，热吃焦香，凉吃利口。

油旋虽然好吃，但由于传统制作技法较为繁杂，利润较低，所以，在快节奏的商业时代已经受到严重的生存挑战。荥阳广武镇，曾以有300余年制作历史的油旋闻名，但如今，整个广武镇也仅剩一两家制作油旋的店铺了。

回族的油香

油香，俗称油饼，是将面团擀成圆饼状，放入油锅中炸制而熟的回族民间传统风味食品。在回族人较为聚集的郑州管城区等县市（区），每逢开斋节、古尔邦节、圣纪节，回族家家都要炸油香，除了自己食用外，还要相互赠送，有的家里过节以及红白喜事，也要炸油香以表示尊祖继俗。

相传，伊斯兰教创始人穆罕默德从麦加来到麦地那，麦地那城里的穆斯林闻讯欣喜若狂，家家都准备了丰盛的饭菜迎接穆圣。穆圣从所乘的骆驼上下来，每到一户门前，人们都抓住骆驼的缰绳，请圣人住在自己家里。圣人示意他们放开缰绳让骆驼自己走，骆驼卧在谁家门前，就住在谁家。骆驼一直走到一名叫阿龙布的老汉家门前卧下，穆圣说："这是安拉意愿，我就住在这里。"为

油香

表寸心，老汉把已炸好的油香拿来款待圣人，老汉抱歉地说："我家贫寒，仅此供圣人膳食。"圣人说："谢谢您老，我很爱吃。"从此，穆圣在阿龙布家吃油香的事就在阿拉伯国家传为佳话，穆斯林们每遇传统节日及婚丧嫁娶大事都以炸油香为圣行。元代时阿拉伯人到中国传教、经商，又把这种做油香的习俗传给中国的穆斯林。

郑州回族的油香，色红质软、味美醇香，以面粉和油为主料，大致分为烫面、发面两种做法。根据不同地域的原料相配，又分淡味油香、甜味油香、地瓜油香、肉油香等。

油香制作是在发酵面里掺入适量干面，用盐、碱、水中和，加入少许香油、鸡蛋和薄荷粉，制成大小相等的面团，擀成圆饼状，用刀在中间穿二至三个孔，放入油锅内炸熟。技术全在火候的掌握，油温过高、过低或一次下锅太多，均影响质量。

消积化食的登封芝麻饼

芝麻饼，也是登封的一种特色面饼，是以小麦面粉和芝麻为主要原料，以鸡内金、五谷杂粮、蝉壳、食盐等为辅料，用特殊工艺，经过烧烤而成的一种食品，因其香脆酥软，且有消积化食、健脾养胃的功效而颇受家长的欢迎。

登封芝麻饼，是清代登封卢店名医吴青田与儿子吴林枝，为解民患，除民疾，经过长期潜心研究，逐步完善而成的，有近200 年的历史，是传承手工工艺加工面食的典型代表。起初，吴青田把鸡胗子用火焙干碾碎，和芝麻一同掺和到面粉里，擀成薄面饼，上火炕干而成。后来，经其子反复推敲、多次试验，又加入了五谷杂粮、蝉壳。

登封芝麻饼的制作有 20 道工序。主要有六个方面。一、面粉制作工艺：将选出的小麦晒干，淘净，再晒干，用石磨磨数遍，用箩除掉麦皮，过成细面，精选头几遍面粉。二、芝麻加工工艺：浸泡芝麻、搓擦芝麻、皮仁分离、晾晒芝麻仁。三、鸡内金加工工艺：取出鸡肫，立即取下内壁，清洗，炕干，碾碎。四、蝉壳加工工艺：茧皮清洗、炕干、碾碎。五、芝麻饼胚制作工艺：制实面团，将芝麻、鸡内金、蝉壳、食盐少许加入面团，揉面，按单个馍重分份数，用擀面杖擀成饼胚。六、芝麻饼的烙烤工艺：先把饼胚放在用旺火烧好的鏊子上，三秒钟后翻馍皮儿，再烙另一面。把饼胚烙到六七成熟后放在火的周围烘烤，并及时翻转以免烤煳，烤熟后呈黄焦出炉，待凉透即可食用。

2013年，嵩山芝麻饼制作技艺被列入郑州市非物质文化遗产名录。

葛记焖饼：王者归来

郑州人爱吃，所以，不管哪种特色饮食来到郑州都会引起一阵轰动。于是，咱郑州自己的老字号一度就成了记忆中的美食。但是，当味蕾被暂时的刺激麻痹再清醒之后，老字号就又"王者归来"了。

郑州"老三记"之一的葛记坛子肉焖饼是一家百年老字号。饼是用软面烙成的千层饼，放凉后切成帘子棍形备用；坛子肉选用带皮五花猪肉，切成2厘米见方的方块，先放入锅内添水煮开，撇去浮沫杂质，捞出肉装入坛内，下足八大料，外加香腐乳，倒入肉汤封口，大火烧开后，改用文火慢炖，炖到烂熟，开坛时浓香四溢，过往行人闻香止步，素有"开坛香"之美誉。

说起炖肉，不得不说起秘制料包，八角、花椒、小茴香、良姜等调料由葛氏嫡系传人亲自填装，对外秘而不宣。分上三料、中三料、下三料，用法独特，别具一格。

淋汤，饼层放入锅中，开始淋汤，要求焖饼师浇出的汤料要均匀地淋在饼层之上，此技法属葛记焖饼烹制工艺程序中较难也是最为关键的步骤之一。之所以称之为"淋"，就是要像淋浴一样

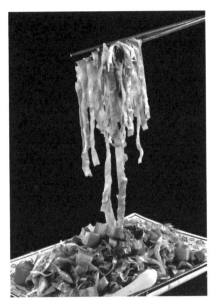

葛记焖饼

细致、均匀地把汤淋在饼上，动作犹如天女散花、潇洒飘逸。汤量要一次成功，如果汤多了，就会出现粘条，影响口感；如果汤少了，则会焖不透、味不入。

焖饼的配菜除用绿豆芽外，更多是用四季鲜菜，如小白菜、四季梅、茭白等。焖饼用的汤，除猪肉汤外，还用鸡汤、鸭骨汤，因此焖出的饼软香不腻，鲜美爽口。

在所有这些烹饪流程中，关键的环节都由葛氏家族成员亲自操作，从而保证了葛记焖饼一贯的品质。

葛记焖饼馆由葛明惠创建于民国初年。葛明惠是清朝满族镶黄旗人，生于1882年，10岁进入北京珂王府做事，曾给王爷赶车，颇得王爷欣赏。他勤快好学，闲时常到王府膳食房帮忙，熟悉了一些烹调技艺。有一天，王爷回到府中，感到腹中饥饿，葛明惠知道王爷最爱吃千层饼和坛子肉，便越俎代庖，用坛子肉为王爷焖了一盘饼，又用榨菜、芫荽做了一碗汤，饼软肉香，清汤爽口，王爷吃后大加赞赏。

民国初年，战乱纷纷，葛明惠偕两个儿子来河南谋生。危难中他想起来被王爷称赞的坛子肉焖饼，于是，经朋友帮忙得以在郑州火车站附近以葛字号开店，主营坛子肉焖饼。葛明惠亲自主厨，他的两个儿子打下手。1949 年后，葛明惠和他的次子先后去世，长子葛云祥接管葛记，经其多年经营，葛记焖饼遂成为闻名遐迩的风味小吃。

1987 年，葛记焖饼馆因旧城改造一度销声匿迹。1989 年，郑州市饮食公司决定恢复传统风味，创百年老店，由葛家第三代传人葛永志在南乔家门恢复老字号开设门店，一时引起轰动。

1997 年，在全国首届名小吃认定中，葛记焖饼摘取"中华名小吃"桂冠；2009 年，葛记焖饼被列入"第二批河南省省级非物质文化遗产名录"。

"扣" 出来的年味

扣碗、年馍、饺子，是郑州人过春节的标配。

春节留给我们最大的记忆点似乎就是吃，这是中国人一年中最盛大、最具有仪式感的家族盛宴。

不管是因为吃想起了家还是因为家想起了吃，从某种意义上说，我们的乡愁基本是以美食为载体和媒介的，从胃开始，又以味蕾结束。

二十六，出油锅

祭灶第二天俗称"交年"，妇女们在家忙着打扫房子、蒸馒头，而男人们则忙着上街采购各种年货。

五花肉、腿肉、排骨、整鸡、鲤鱼（或者草鱼）、带鱼、鲜藕以及腌好的雪里蕻等，都是用来做扣碗的食材，是过年的"硬菜"，所以，祭灶一过，家家开始忙着列年货清单、采购年货。

年货究竟应该怎样办？十里不同俗，答案很难统一。不过，尽管年货没有固定的种类，但办年货是中国人过年的一种重要仪式，老百姓在忙碌的喜悦中感受新年的到来，在琐碎却温暖的仪式里传递着浓浓的温情。

扫房子的民间传统宋代就有记载。按民间的说法，尘土的"尘"与陈旧的"陈"谐音，所以，新春扫尘有"除陈布新"的含义，还暗含着老百姓把过去的晦气一扫而光的祈福心理。

从腊月二十六、二十七开始，郑州大部分人家，开始发面蒸馍、炸肉、炸鱼了。炸鱼、炸肉，是为春节期间的"硬菜"扣碗做准备。虽说如今郑州好多饭店都有扣碗集装箱售卖，但每逢临近过年，家家户户依然为准备扣碗而张罗、忙活。

扣碗、蒸馍

炸好的食物要先在通风阴凉处保存着，过年时取出来上笼蒸熟后，一碗一碗地扣在盘子里端上桌，有小酥肉、芥菜肉、带鱼、黄焖鸡、丸子、排骨、八宝饭等，年，就是这样被一碗一碗地"扣"出来了。

不管是扣碗，还是年馍，一定要准备得多多益善，至少要能吃到正月初五。

炸莲夹

春节蒸馍要多多益善，有些馍要做供品，有些馍要吃，有些还要用来串亲戚。年馍要蒸得够吃到正月十五，至少也要吃到"破五"（正月初五）。来年第一次蒸馍的时间愈晚，表示愈富有。

郑州年馍的品种很多，除了上尖下圆、约二两重的白面馍，还有刺猬、牛、羊、鸡、鸭、鲤鱼、兔子等动物形状的馍，以及桃、李、佛手、二龙戏珠、丹凤朝阳、春燕戏牡丹、龙凤呈祥、童子献寿桃、富贵不断头、金雀闹花堂、鲤鱼跳龙门等花样繁多的花馍，都有期盼丰衣足食、吉祥如意的美好愿望。比如刺猬馍，把刺猬头朝里放在门的两边，寓意刺猬往家中驮元宝，盼望富贵发财；牛、羊、鸡等动物馍，则是盼望六畜兴旺。

蒸年馍除实心馍外，还要蒸肉包、菜包、豆包、糖包、红薯包、枣馍等夹馅馍。枣馍分枣花馍、枣山馍、枣卷等。过年必有的吃食还有枣糕和豆沙包。枣糕有上坟用的，有祭灶用的，有给出门的闺女回门用的（意思是节节高）。豆沙包是用煮得烂烂的红薯、豇豆，再加上一点点白糖，揉烂做馅包成的包子。

按照郑州的传统习俗，小酥肉、条子肉、带鱼、黄焖鸡、丸子、排骨、八宝饭等扣碗都是春节期间必须上桌的主菜，一样都不能少。所以，炸鱼、炸肉，是一件工作量相当大的工程，通常需要炸一天才能结束，叫作"出油锅"，而这一天的"出油锅"量将支撑起春节期间自家和待客的全部"硬菜"。

条子肉，也叫芥菜肉、方块肉，需要先煮再炸，煮多久也是个技术活儿。煮的时间短了，肉就会变老，即便炸后再蒸，那肉的口感也稍显硬朗了些；煮的时间长了，上笼蒸后，肉容易塌架、不成形。

郑州有些家庭，不仅要炸鱼、炸肉、炸丸子，还要炸面叶。不过，面叶是春节期间的零食，而炸好的鱼、肉等"硬菜"则是家家户户春节宴席中最后才闪亮登场的。

农家四蒸（芥菜肉、肘子、酥肉、鸡子）

"出油锅"这天特别受小孩子的欢迎。因为这一天，爸爸妈妈忙着"出油锅"，根本顾不上管教孩子，于是孩子们可以自由一天。午饭、晚饭通常也不用按照常规吃，刚出锅的肉啊、面叶"神马"的就可以作为一顿饭，新鲜又好玩。

炸好的食物先在通风阴凉处保存着，过年时取出来上笼蒸熟后，再一碗一碗地扣在盘子里端上桌食用，既方便待客又有过年的仪式感。

郑州也有人家是在上完一桌蒸扣碗后，最后再把炸好的酥肉、鱼块等肉类，与粉条、蔬菜一起放入锅中乱炖，然后一人一碗盛出，每人就个馒头吃。把头埋在冒着热气的炖菜碗中，吸溜着粉条，那感觉，像是又回到了儿时，温暖又踏实。

蒸菜，在南北朝时期就已经广泛流传于整个中原地区了。成书于南北朝时期的《齐民要术》曾记录了当时中原地区的蒸藕、蒸鸡、蒸熊、蒸猪头等流行菜，虽说烹饪方法略有不同，但中原人民对"蒸"这一传统的烹饪方法确实是情有独钟的。不信，去郑州的餐饮店转转，你就会发现几乎每家饭店包括五星级酒店的中餐菜单上，蒸野菜、蒸扣碗，必须是常年霸屏的菜品。

粉蒸肉、炒八宝

与郑州市区的扣碗稍有不同，新郑的扣碗除了小酥肉、芥菜肉、排骨、鸡块、腐乳肉、丸子、莲菜、豆腐、素丸子等品种外，还有米粉肉（粉蒸肉）、炒八宝，这两样菜品不仅是当地如今较为流行的春节主打，也是当地的特色饮食之一。

米粉肉，也叫粉蒸肉，清代就已经在江浙一带流行了。清代文学家袁枚在《随园食单》中就有记载，不过，袁枚认为，粉蒸肉是江西菜。但这道已考究不出菜系的粉蒸肉早在清末就已经成了新郑的代表性菜品，现在已被列入郑州市非物质文化遗产名录。

丁记粉蒸肉是新郑的一个百年品牌，始自清末"丁家饭庄"，距今已有120年历史，是新郑粉蒸肉的代表性品牌。丁记粉蒸肉，选用硬肋上猪肉一斤，肥瘦相宜，切成二指宽、二寸半长、半指厚的肉块；小米或糯米三钱，淘净晒干，掺花椒炒成柿黄色，出香味，擀开；糖六钱，面酱三钱，葱、姜丝少许，用酱油拌开调好。下垫排骨，一碗十块，上笼蒸烂为止。上席时红光透亮，样如水晶，香气扑鼻，诱人食欲。

米粉肉

郑韩炒八宝

郑韩炒八宝，其实就是炒八宝饭。因为新郑是"郑韩故城"，因此，名为"郑韩炒八宝"，是新郑"开封扣碗店"的招牌菜，也被列入郑州市非物质文化遗产名录。郑韩炒八宝是精选饱满江米、优质大枣、优质小豆、山楂糕丁、青红丝、秘制果脯、橘饼丁、玫瑰等，辅以猪油、色拉油、蜂蜜、白糖，经数道工序制作而成的，成品色泽红亮，形似水晶，美味可口。

郑州市区、新郑的扣碗上笼前，都要在碗内放入老抽、盐、花椒、生姜片、葱花，也可以再加入香叶、八角等，并加入适量开水后，上笼蒸至三四十分钟后取出，趁热扣入盘中即可上桌食用。但新密、登封、荥阳的扣碗却是蒸时不添水、不放料，而是蒸好取出后，在扣碗端上桌之前再浇入料汁入味的。

登封的酥肉扣碗也颇具特色，有"大酥肉""小酥肉"之分，大酥肉与郑州其他县市（区）的"酥肉"做法基本一致：先将五花肉或者里脊肉切成大约0.5厘米宽、3厘米长的肉条备用，将食盐、五香粉、熟花椒粉等调料加入到切好的肉条中,搅拌均匀,腌制10—15分钟;在红薯淀粉中打入鸡蛋,搅拌成面糊后,将腌好的肉条放入面糊中,裹拌均匀;油锅内的油温烧至七八成热时,放入肉条,小火慢炸至金黄色即可捞出。上笼蒸后的口感酥香劲软。

小酥肉一点都不小,看起来像是个圆滚滚的大肉团,是用肉末与馒头加调味料搅拌,油炸后再上笼蒸的,口感糯糯的,入口即化。

在过年的席面上,最令小孩子们兴奋的还有焖子。煮熟的粉条里加入粉芡、姜块、白菜叶、肉馅等,搅拌均匀,平铺在地锅上,大火蒸上半个小时。刚出锅的焖子,浓香软糯,切下一小块,就可以直接吃。当然最美味的吃法还是将它切成方块晾凉,再切成小薄片,伴着辣椒、姜丝、白菜叶醋溜,这样的美味小孩子基本一个人干掉一盘子是不成问题的。

“滚”元宵

扣碗、年馍、饺子,是郑州人过春节的标配。大年三十必须要吃顿饺子,老人们还喜欢在饺子里包进去个硬币或者红糖之类,象征着来年事事顺利,诸事平安。

正月十五,还要郑重其事地吃顿元宵或者汤圆。

汤圆是用糯米粉加水和成团后包馅而成的,郑州的老式元宵却不是包出来的,而是用晃筐箩的方式“滚”出来的。

滚元宵也叫趿（xué）元宵。柳条编的大笸箩里铺着厚厚一层雪白的糯米粉，旁边案板上堆放着四四方方的元宵馅，和骰子一般大小，花花绿绿的煞是好看。黄的是菠萝味的，绿的是薄荷味的，红的是山楂味的，黑的是芝麻味的……

滚元宵之前，把成块的馅料蘸一点冷水，然后丢进大笸箩里来回晃动，不一会儿，蘸过水的馅料就会如滚雪球般附着上一层层雪白的糯米粉，而且十分结实，不会从馅料上脱落。滚好的元宵会比乒乓球小一点，白白胖胖的，十分可爱。

在郑州市区及其下辖县市，至今都还保留着这种古老的滚元宵的方式。

元宵要滚水下锅，小火慢煮，待元宵都浮到水面上，就基本熟了，这时再关上火焖几分钟，待元宵里面的块状馅料融化成浓稠香甜的馅汁就可以开吃了。跟汤圆不一样的是，这样煮出来的元宵汤汁是黏稠状的，喝起来特别香滑、润口。

吃了这碗元宵，这个"年"带着中国人对新的一年的祈望、祝福，才算被彻底送走。

从胃开始，以味蕾结束的乡愁

春节留给我们最大的记忆点似乎就是吃，这是中国人一年中最盛大、最具有仪式感的家族盛宴。那血脉里割舍不断的亲情似乎就是在春节期间一桌又一桌的扣碗、饺子的仪式中维系着的。

扣碗、饺子、元宵真有那么好吃吗？好像也不是，但没有它们似乎就没有了年味儿。

年少的时候，春节对于我们意味着什么？顶多是添件新衣服，领个压岁钱，我们跟着家长去走亲戚的时候，可能还会有点反感。可是，随着我们的年龄增长，不知从什么时候开始，我们开始怀念家乡的某道美食，思念老妈做的某道家常菜。不管是因为吃想起了家还是因为家想起了吃，从某种意义上说，我们的乡愁基本是以美食为载体和媒介的，从胃开始，又以味蕾结束。

于是，等我们人到中年后，又开始陷入父辈们的轮回：在忙碌地准备年夜饭的喜悦中感受新年的到来，在琐碎却温暖的吃的仪式里传递着浓浓的亲情。

我有一位朋友，对于过年，她以往并没有特别深刻的感触，但自从 23 岁大学毕业留在外地工作 7 年后，她忽然发现春节在她心里占据的位置越来越重要："我不是一个超级吃货，扣碗、枣糕、豆沙包也不是很喜欢吃。可是这两年，每到过年之前，我都特别想吃奶奶、妈妈做的扣碗、枣糕、豆沙包，不是为了吃，而是源于骨子里的那份念想，那份思乡之情。"

过年了，回家吃一碗父母做的扣碗，吃一个爸爸妈妈包的饺子、包子，一颗远在异乡漂泊的心马上就温暖、安宁了下来。妈妈做的饭菜永远是这世上最好吃、最令人动情的美食记忆。

一切还是源于情感。这世上，还有什么佐料可以抵得过亲情的诱惑？还有什么佐料可以抵得上情感的诉求呢？这可能才是春节对于每个中国人最大的诱惑。

参考文献

1. 诗经 [M]. 梁锡锋, 注说. 开封: 河南大学出版社, 2008.

2. 诗经 [M]. 陈节, 注译. 广州: 花城出版社, 2002.

3. 张在义, 等. 先秦两汉: 张衡文, 选译 [M]. 成都: 巴蜀书社, 1990.

4. 孔子. 尚书注训 [M]. 黄怀信, 注训. 济南: 齐鲁书社, 2002.

5. 司马迁. 史记 [M]. 杨燕起, 译注. 长沙: 岳麓书社, 2019.

6. 周礼 [M]. 崔高维, 校点. 沈阳: 辽宁教育出版社, 1997.

7. 孔子. 尚书注训 [M]. 黄怀信, 注训. 济南: 齐鲁书社, 2002.

8. 刘宝楠. 论语正义 [M]. 石家庄: 河北人民出版社, 1988.

9. 刘歆. 西京杂记 [M]. 葛洪, 辑. 北京: 中国书店, 2019.

10. 吕壮. 国学经典: 西京杂记译注 [M]. 上海: 上海三联书店 2018.

11. 后汉书 [M]. 庄适, 选注. 北京: 商务印书馆, 1927.

12. 左丘明. 左传 [M]. 舒胜利, 陈霞村, 译注. 太原: 山西古籍出版社, 2003.

13. 韩非子 [M]. 赵沛, 注说. 开封: 河南大学出版社, 2008.

14. 刘向. 战国策 [M]. 上海: 上海古籍出版社, 2008.

15. 王国珍.《释名》语源疏证 [M]. 上海：上海辞书出版社，2009.

16. 左传 [M]. 李炳海，宋小克，注评. 南京：凤凰出版社，2009.

17. 朱熹. 楚辞集注 [M]. 蒋立甫，校点. 上海：上海古籍出版社；合肥：安徽教育出版社，2001.

18. 礼记 [M]. 陈澔，注. 金晓东，校点. 上海：上海古籍出版社，2016.

19. 周礼 [M]. 陈戍国，点校. 长沙：岳麓书社，1989.

20. 史记 [M]. 王宁总，主编. 北京：商务印书馆，2018.

21. 论语 [M]. 刘兆伟，译注. 北京：人民教育出版社，2015.

22. 司马贞. 史记索隐 [M]. 西安：陕西师范大学出版社，2018.

23. 汉乐府全集 汇校汇注汇评 [M]. 曹胜高，岳洋峰，辑注. 武汉：崇文书局，2018.

24. 萧统. 文选 [M]. 上海：上海古籍出版社，1986.

25. 钟嵘. 诗品 [M]. 杨焄，辑校. 上海：上海古籍出版社，2020.

26. 缪启愉，缪桂龙. 齐民要术译注 [M]. 上海：上海古籍出版社，2006.

27. 段成式. 历代笔记小说大观：酉阳杂俎 [M]. 曹中孚，校点. 上海：上海古籍出版社，2012.

28. 徐坚，等. 初学记（下册）[M]. 韩放主，校点. 北京：京华出版社，2000.

29. 李林甫，等. 唐六典 [M]. 陈仲夫，点校. 北京：中华书局，1992.

30. 钱牧齐. 杜工部诗集 [M]. 世界书局，1935.

31. 李商隐. 李商隐诗集 [M]. 朱鹤龄，笺注. 田松青，点校. 上海：上海古籍出版社，2015.

32. 彭大翼. 山堂肆考 [M]. 上海：上海古籍出版社，1992.

33. 宗懔. 荆楚岁时记 [M]. 宋金龙，校注. 太原：山西人民出版社，1987.

34. 刘禹锡. 刘禹锡集 [M]. 上海：上海人民出版社，1975.

35. 欧阳修，宋祁. 新唐书 [M]. 北京：中华书局，1975.

36. 高承，李果. 事物纪原 4[M]. 北京：商务印书馆，1937(民国二十六年).

37. 周密. 武林旧事 [M]. 傅林祥，注. 济南：山东友谊出版社，2001.

38. 叶梦得. 避暑录话 [M]. 北京：商务印书馆，1939.

39. 张春林. 欧阳修全集 [M]. 北京：中国文史出版社，1999.

40. 苏轼. 苏轼诗集合注 [M]. 冯应榴，辑注. 黄任轲，朱怀春，校点. 上海：上海古籍出版社，2001.

41. 苏东坡. 苏东坡全集（上）[M]. 中国书店，1996.

42. 苏东坡. 苏东坡全集：苏东坡诗集 3[M]. 珠海：珠海出版社，1996.

43. 苏东坡. 苏轼文集 上 [M]. 顾之川，校点. 长沙：岳麓书社，2000.

44. 罗愿. 尔雅翼 [M]. 石云孙，校点. 合肥：黄山书社，2013.

45. 洪刍，陈敬. 钦定四库全书：香谱陈氏香谱 [M]. 北京：中国书店出版社，2014.

46. 陶文鹏. 中华经典好诗词：苏轼集（唐宋卷）[M]. 陈祖美，主编. 郑州：河南文艺出版社，2018.

47. 吴自牧. 梦梁录 [M]. 杭州：浙江人民出版社，1984.

48. 朱弁. 曲洧旧闻 [M]. 北京：中华书局，1985.

49. 孟元老. 东京梦华录 [M]. 王云五，主编. 北京：商务印书馆，1936.

50. 周密. 光明岛 中华经典典藏系列 武林旧事 [M]. 北京：光明日报出版社，2016.

51. 罗大经. 鹤林玉露 [M]. 刘友智，校注. 济南：齐鲁书社，2017.

52. 不著撰人. 都城纪胜 [M]. 上海：上海古籍出版社，1993.

53. 吴曾. 能改斋漫录 饮食部分 [M]. 王仁湘，注释. 北京：中国商业出版社，1986.

54. 潘永因. 宋稗类钞 [M]. 北京：书目文献出版社，1985.

55. 陈元靓. 岁时广记 [M]. 北京：商务印书馆，1939.

56. 佛光大藏经编修委员会. 佛光大藏：禅藏·语录部 [M]. 守颐，编集《古尊宿语录》台湾：佛光出版社，1994.

57. 李敖. 朱子语类 太平经 抱朴子 [M]. 天津：天津古籍出版社，2016.

58. 忽思慧. 饮膳正要 [M]. 刘正书，点校. 北京：人民卫生出版社，1986.

59. 王祯. 农书译注 上 [M]. 济南：齐鲁书社，2009.

60. 无名氏. 居家必用事类全集 饮食类 [M]. 邱庞同，注释. 北京：中国商业出版社，1986.

61. 刘若愚，高士奇. 明宫史 [M]. 北京：北京古籍出版社，1980.

62. 宋诩. 宋氏养生部 饮食部分 [M]. 陶文台，注释. 北京：中国商业出版社，1989.

63. 刘若愚. 酌中志 [M]. 北京：北京古籍出版社，1994.

64. 夏传才，主编. 中国古代文学名篇选读 辽金元明清卷 [M]. 天津：南开大学出版社，2001.

65. 徐珂. 清稗类钞 第 13 册 [M]. 北京：中华书局，1986.

66. 吴之振，等. 宋诗钞 [M]. 北京：生活・读书・新知三联书店，1984.

67. 李渔. 闲情偶寄 [M]. 刘仁，译注. 北京：中国纺织出版社，2007.

68. 薛宝辰. 素食说略 [M]. 邱庞同，注释. 北京：中国商业出版社，1984.

69. 王云五，陈达叟. 丛书集成初编 (1473 本心斋蔬食谱 山家清供 饮食须知)[M]. 北京：商务印书馆，1936.

70. 袁枚. 随园食单 [M]. 北京：中国书店出版社，2019.

71. 鲁迅. 中国小说史略 [M]. 北京：中国书籍出版社，2020.

72. 王学泰. 中国饮食文化史 [M]. 桂林：广西师范大学出版社，2006.

73. 邱庞同. 知味难 中国饮食之魅 [M]. 青岛：青岛出版社，2015.

74. 邱庞同. 中国菜肴史 [M]. 青岛：青岛出版社，2010.

75. 邱庞同. 中国面点史 [M]. 青岛：青岛出版社，2010.

76. 马红丽. 食林广记 [M]. 北京：商务印书馆，2017.

77. 孙润田，赵国栋. 伊尹与开封饮食文化 [M]. 北京：作家出版社，2004.

78. 《登封民俗志》编纂委员会. 登封民俗志 [M]. 郑州：河南人民出版社，2015.

79. 《荥阳市志》编纂委员会. 荥阳市志 [M]. 郑州：河南省郑州信息工程所，1996.

80. 安金槐. 打虎亭汉墓 [M]. 香港：香港国际出版社，1999.

81. 张明申. 京城村夫文集 [M]. 陈万卿，李豫州，辑. 扬州：广陵书社，2018.

82. 杨建敏. 新密佛教文化 [M]. 新密：新密市佛教协会，2017.

83. 吕世范，樊胜武. 河南特色饮食文化 [M]. 郑州：中州古籍出版社，2011.

84. 肖冉，何凡能，刘浩龙. 鸿沟引水口与渠首段经流考辩 [J]. 地理学报，2017 (4).

85. 杨富学，王书庆. 敦煌文献 P. 2977 所见早期舍利塔考——兼论阿育王塔的原型 [J]. 敦煌学辑刊，2010 (1).

86. 邱庞同. 中国汤类菜肴源流考述 [J]. 四川烹饪高等专科学校学报，2013 (4).

87. 刘学忠. 宋代汤词研究 [J]. 阜阳师范学院学报（社会科学版）, 2006 (6).

88. 史云涛. 唐诗中长安生活方式的胡化风尚 [J]. 国际汉学, 2015 (3).

89. 高启安. 中国古代的水煮方便食品：棋子面与挂面 [J]. 楚雄师范学院学报, 2015 (1).

90. 高启安. 中国古代的方便食品：棋子面 [J]. 南宁职业技术学院学报, 2015 (3).

91. 曾静涵. 从《说文解字》"食"部字看古代饮食文化 [J]. 赤峰学院学报（汉文哲学社会科学版）, 2015 (10).

92. 何可, 任学军, 蒋士勋. 荥阳：特色产业点亮"首届中国农民丰收节" [N]. 河南日报, 2018-9-26(8).